我们爱科学
精品书系

唐猴沙猪学数学丛书

U0278216

智闯数王国

寒木钓萌／著

中国少年儿童新闻出版总社
中国少年儿童出版社

北　京

图书在版编目（CIP）数据

智闯数王国 / 寒木钓萌著 . —— 北京：中国少年儿
童出版社 , 2019.9
（我们爱科学精品书系·唐猴沙猪学数学丛书）
ISBN 978-7-5148-5571-5

Ⅰ . ①智… Ⅱ . ①寒… Ⅲ . ①数学 – 少儿读物 Ⅳ .
① O1-49

中国版本图书馆 CIP 数据核字（2019）第 155439 号

ZHICHUANG SHUWANGGUO
（我们爱科学精品书系·唐猴沙猪学数学丛书）

出 版 发 行：中国少年儿童新闻出版总社
中国少年儿童出版社

出 版 人：孙 柱
执行出版人：赵恒峰

策划、主编：毛红强	著：寒木钓萌
责 任 编 辑：李雪菲	封面设计：森 山
插 图：孙轶彬	装帧设计：朱国兴
责 任 印 务：刘 漱	

社 址：北京市朝阳区建国门外大街丙 12 号　　邮政编码：100022
总 编 室：010-57526070　　　　　　　　　　传真：010-57526075
网 址：www.ccppg.cn　　　　　　　　发 行 部：010-57526608
电子邮箱：zbs@ccppg.com.cn

印刷：北京盛通印刷股份有限公司

开本：720mm×1000mm　　1/16　　　　　　　　　　印张：9
2019 年 9 月第 1 版　　　　　　　　2019 年 9 月北京第 1 次印刷
字数：200 千字　　　　　　　　　　　　　　　　印数：1-14200 册

ISBN 978-7-5148-5571-5　　　　　　　　　　　定价：30.00 元

图书若有印装问题，请随时向印务部（010-57526098）退换。

作者的话

我一直很喜欢《西游记》里面的唐猴沙猪，多年前，当我把这四个人物融入到"微观世界历险记"等科普图书中时，发现孩子们非常喜欢。后来，这套书还获了奖，被科技部评为2016年全国优秀科普作品。

既然小读者们都熟悉，并且喜爱唐猴沙猪这四个人物，那我们为什么不把他们融入到数学科普故事中呢？

这就是本套丛书"唐猴沙猪学数学"的由来。写这套丛书的时候我有不少感悟。其中一个是，数学的重要不止体现在平时的考试上，实际上它能影响人的一生。另一个感悟是，原来数学是这么的有趣。

然而，要想体会到这种有趣是需要很高的门槛的。这直接导致很多小学生看不懂一些趣味横生、同时又非常实用的数学原理。于是，趣味没了，只剩下了难和枯燥。

解决这个问题就是我写"唐猴沙猪学数学"丛书的初衷。通过唐猴沙猪这四个小读者们喜闻乐见的人物，先编织出有趣的故事，再把他们遇到的数学问题掰开揉碎了说。一开始，我也不知道这种模式是否可行，直到我在几年前撰写出"数学西游记"丛书，收到了大量的读者反馈后，这才有了信心。

去年，有个小读者通过寒木钓萌微信公众号联系到我。他说手上的书都快被翻烂了，因为要看几遍才过瘾。他还说，他们班上有不少同学之前是不喜欢数学的，而看了"数学西游记"丛书后就爱上了数学。

因为读者，我增添了一份撰写"唐猴沙猪学数学"的动力。

非常高兴，在《我们爱科学》主编和各位编辑的共同努力和帮助下，这套丛书终于出版了。

衷心希望，"唐猴沙猪学数学"能让孩子们爱上数学，学好数学！

你的大朋友：寒木钓萌
2019年7月

目录

智闯数王国

话说，在过去的时间里，唐猴沙猪和寒老师5个人不断把自己变小，一次又一次钻到更微小的世界，从三打吸血鬼到挑战毒魔王，从取经分子国到结交光使者，他们依次进入了跳蚤（zao）、尘埃、细菌和病毒的国度，最后又深入到原子、电子和光子等粒子的微观世界。后来，他们又搭乘"追击号"，从孤舟太阳行到寻找火星人，从智闯冰环阵到飞出太阳系，畅游了太阳系各大行星。

如今，他们又聚在了一起，准备出发。他们又要去哪里探险呢？

重新聚首再出发

夏日炎炎，沙沙同学肩挑重担，小唐同学手拿一把扇子，悟空蹦蹦跳跳的，八戒汗流浃(jiā)背，他们正向这边走来……

"别来无恙呀，寒老师。"八戒向大树下的我一边使劲招手一边嬉皮笑脸，"看你这造型，似乎一点儿没变呀。"

"嘿，彼此彼此，你也没变瘦。"

咚的一声，沙沙同学把肩上的担子重重地放了下来，喘了几口气，抹了几把汗。

"哟，沙沙同学，你这一担子想必是锅碗瓢盆、油盐酱醋吧？"

"看你说的。"沙沙同学又抹了一把汗，"寒老师，

你以为我是二师兄，只惦记着吃啊？知道吗？这一担子全是书！"

"书？"我向后一退，"经书？"

"数学书！"小唐同学走过来，快速地扇着扇子，骄傲地说。

"你们这是唱的哪一出？"

"来，悟空，给寒老师解释一下。"小唐同学不停地扇着扇子。

"是这样的，"悟空一下子蹦到我面前，"咱们进行了一年的微观探险，又进行了一年的太空冒险，学到了许多好玩的物理知识和太空知识。"

"对啊，怎么了？"

"可是……"悟空蹦到大树旁，背靠着大树蹲下，"我们发现，要想学好物理，深刻理解宇宙，数学才是基础。学不好数学，物理就会只知其然而不知其所以然，就如空中楼阁一般。所以，我们决定要下一番功夫学好数学。"

"说得好！不过……既然有这么多数学书，自己看不就行了。"

"此言差矣！"小唐同学开始摇头晃脑，"古人云：读万卷书，行万里路。如果只知闷头读书，不结合实际，不懂得知识在生活中的应用，那读书就没有意义了。"

"说得对！"

"得了吧，寒老师，
你有所不知。"八戒冷笑
道，"别看我们有那么多书，其实大部分我们根本看不懂。
你忘了，我们连小学都没上过，所以才找你……"

"瞎说！"小唐同学冲过去，扬起扇子，八戒向后一躲，
眼睛一眨一眨的，不敢再言。

"好吧。既然要行万里路，我们该往哪里走呢？"

"西！"小唐同学脱口而出。

"为什么不是南呢？向西那条路你们走来走去的还没厌倦吗？"

　　"错！"小唐同学扇着扇子走了过来，"往西这条路，有我们太多太多美好的回忆，那里的一草一木、一鸟一兽，经常出现在我们的梦里。悟空，你说是不是？"

　　"是。"看着小唐同学指过来的扇子，悟空连忙说。

　　"得了吧。"八戒又冷笑道，"还一鸟一兽，直接说一玉兔公主一女儿国国王，又会怎样呢？"

　　小唐同学一听，瞬间向八戒冲去，八戒一看这架势，知道师父这次是来真的，便起身绕着树跑……

　　噗的一声，沙沙同学把嘴里的半根草吐在地上，站了起来，大声说："别闹了！我说你们两个，往东往西我都没意见，我现在有一件大事要跟大家商量，这担子谁来挑？还让我一人从头挑到尾？你们真能忍心？"

　　小唐同学一听，不再追赶八戒。

　　"一人挑一天！"沙沙同学不由分说。

　　悟空一听，先一惊，眼珠儿再一转，说："这样多不好！"

　　"怎么就不好了？一人挑一天才公平！"沙沙同学急了，边说边向悟空那里走去，一副要讲道理的样子。

　　"你听我说嘛！"悟空后退一步，解释道，"我们这一行人要学习数学，怎样才能学好数学呢？没点儿动力怎么能行？压力就是动力，唯有吃苦，我们才能迅速掌握数学知识，爱上数学。所以，咱们可以这样，这一路上，咱们不知道要遇到多少跟数学有关的难题，到时，咱们一起做，谁要解答不出来，就让谁挑！怎么样，沙沙同学，敢不？"

沙沙同学大声说："怎么不敢？"

"妙极了！"小唐同学眼睛瞥向八戒，说，"这下八戒可要惨喽！"

"哈哈……世人都以为我笨，其实我的聪明你们不懂！谁最惨？咱们路上见分晓！"八戒笑着说。

"不是路上！"沙沙同学使劲跺了一下脚，顿时，他脚下尘土飞扬，"现在就得见分晓！要不动身前谁来挑担子呀！"

"那就石头剪子布吧，痛快点儿！"

悟空说："寒老师，亏你想得出来，'石头剪子布'可不是数学题目。"

"以后你们就会知道，'石头剪子布'其实跟数学有关系。快开始吧！我来当裁判，你们没意见吧？"

"没意见！"唐猴沙猪异口同声。

此时，大大的红太阳正在慢慢地向西方的地平线落下，万道霞光照过来，将天边的云朵染上了绚丽的颜色，深红、浅红、橘黄……广袤（mào）的草地和远处的山林好像披上了金装。

唐猴沙猪和我站在大树底下，身后的影子拉得好长。我把他们几个分成两组，八戒对战小唐同学，悟空对战沙沙同学，采取5局3胜的比赛规则。猜拳比赛开始了。

　　第一局，小唐同学出石头，八戒很不幸，出了剪子，八戒输。

　　第二局，小唐同学还是出石头，而八戒出布，八戒赢。

　　第三局，小唐同学出剪子，而八戒出石头，八戒又赢。

到这里，小唐同学急了，脸红扑扑的，因为再有一次，他就要输了。于是，他单方叫停。

"嘿嘿，叫停也救不了你！"八戒说。

小唐同学仰头看着树顶，口里默念："我出剪子，他出石头，我出剪子，他出石头，那么我下次应该出……来，八戒，咱们再战！"

第四局，八戒出了剪子，而小唐同学出了石头，小唐同学赢。2比2，打成平手，最后一局定胜负。

第五局，八戒又出了剪子，小唐同学又出了石头。

"小唐同学赢得比赛！"

接下来，悟空和沙沙同学也进行了比赛，结果悟空胜利。

"下面由八戒和沙沙同学对决，这次谁输谁就要挑担子了。开始！"

八戒傻傻地抓抓后脑勺，眉头一皱，自言自语："怎么回事？怎么回事？为何叫停后我就输了？"

"二师兄，痛快点儿，

婆婆妈妈的，真是一点儿不像你！"沙沙同学等不及了。

八戒看着天空，眼睛一翻一翻的，自言自语："师父出石头，我出剪子，师父还出石头，我还出剪子，真笨……明白了！沙师弟，来，你输定了！"

第一局，八戒出布，沙沙同学出剪子，八戒输。

第二局，八戒出石头，沙沙同学还出剪子，八戒赢。

第三局，沙沙同学出布，而八戒出剪子，八戒赢。

第四局，沙沙同学出石头，八戒出布，八戒又赢。

八戒赢得了最后的胜利，激动得围绕大树跑圈，并大喊大叫："好险！好险！"

"沙沙同学在两轮中都输了，所以担子还是由沙沙同学挑。走，咱们动身吧！"

沙沙同学一边走向担子，一边低头小声说："你们就欺负老实人吧。"

"嗨嗨，你这么说就不对了，沙沙同学。游戏很公平，你要是认为不公平，就是认为我这个裁判没当好。"

"可是，寒老师，'石头剪子布'根本不是数学，就是赌博。这真的好吗？"沙沙同学回过头说。

"你的观点不对，这涉及到概率，而概率就是数学。另外，你们不知道，'石头剪子布'还跟很多高深的数学知识有关系呢。沙沙同学你别气馁（něi），虽然我很同情你，但是你不要着急，路还长着呢。只要你好好学习数学，以后就会输得越来越少。"

八戒说："我这是第一次听说，'石头剪子布'跟数学还有关系。寒老师，你快说来听听。"

在猜拳游戏中获胜的秘密

"石头剪子布"这个猜拳游戏很流行，大家都会玩。因为它非常简单，不需要道具，用手就能玩，因此，玩的人很多。虽然它没有扑克牌好玩，但是它能随时随地解决生活中的一些小问题，比如：

今天谁洗碗？猜拳！

今天谁扫地？猜拳！

冰激凌谁吃？猜拳！

…………

你知道吗？"石头剪子布"这个简单的猜拳游戏隐藏着规律，那就是：赢家倾向于保持现状，输家倾向于做出改变。也就是说，猜拳中，如果一方出石头赢了，那么在下一回合中他会倾向于继续出石头；而输的一方，下一回合就会做出改变。比如，在沙沙同学和八戒的对战中就反映出这个规律。

第一局，八戒出布，沙沙同学出剪子，八戒输。

第二局，沙沙同学作为赢家保持现状，还出剪子，而八戒作为输家做出改变，出石头，八戒赢。

第三局，沙沙同学作为输家做出改变，出布，但是八戒已经知道这个规律，出剪子，结果八戒赢。

"赢家保持现状，输家做出改变"这个隐藏的规律是研究人员通过实验发现的。我国浙江大学、浙江工商大学和中科院理论物理研究所的研究人员组成的实验小组，招募了360名实验者，在300轮的猜拳中，发现了这个规律。

"石头剪子布"的猜拳游戏还有一个获胜的办法，那就是使用迷惑性的语言，故事中的小唐同学对这种方法就非常在行。他仰头看着树顶，口里默念："我出剪子，他出石头，我出剪子，他出石头，那么我下次应该出……来，八戒，咱们再战！"

虽然猜拳只是一个游戏，但是如果深入研究，就会发现它里面涉及到不少有趣的数学知识。

美丽的夕阳下，我们启程了，方向朝西。

小唐同学扇着扇子，欢快地走在最前面。他昂首挺胸，就像一个无所不能的带路者，可能这条路他比较熟悉，或者他刚刚赢了八戒，还沉浸在胜利的喜悦之中。

沙沙同学肩上的担子一颤一颤的，他低头看路，不说话，汗不停地流着。

突然，八戒一手遮眉，直勾勾地看向西方，大叫一声："快看！"

小唐同学被八戒的叫声吓得不轻，只见他嗖的一下，就好像学会了凌波微步，瞬间从队伍最前面跑到了队伍最后面，猫着腰，不断叫喊："怎么了？怎么了？"

八戒说："太阳快要落下去了！"

"你发出乌鸦般的惨叫，就是因为这个？"小唐同学不信，追问道。

"是呀。"八戒说。

"太阳要落山了而已，你至于这样惨叫吗？"小唐同学终于站直了身体。

"就是！我还以为他看到了女妖精！"悟空也感到不可思议。

"咳，要是看到女妖精，八戒的叫声才不是乌鸦这般的叫声呢，估计会是'嘿嘿嘿'。"小唐同学翻着白眼说。

"还是小唐同学了解八戒。我也纳闷儿了，八戒，你这是叫的哪一出？"

"瞧你们一个个，尽说我！"八戒说，"寒老师，我忽然想到一个非常有趣的问题。现在太阳快要落下去了，如果我们往东走，那么太阳从西边落下去的速度是不是会快一点点儿？"

"是的。"

"可现在我们是向着太阳落下去的方向一直走，那么太阳看上去是不是落下去的速度要慢一点儿？"

"正确！嗨嗨嗨，我说你们几个，别再对八戒横眉冷对了，他想到的这个问题是个很有趣很高深的问题呢。"

"还没完呢，寒老师。"八戒又自豪地说，"既然向西走太阳落下去的速度会慢一点儿，那么可以推断出我们

的速度越快，太阳落下去的速度就越慢，好了，现在问题来了——"

"啥问题？"小唐同学眉头一皱。

"那就是，我们的速度要快到什么程度，才会一直看到太阳，也就是看到太阳永远不落下去？"八戒若有所思地说。

"大家站住！"

"哎哟——我的小心脏！"小唐同学又被我的叫声吓得一哆嗦，"我说寒老师，你怎么跟八戒一个样？停下来干什么，我们这才走了 50 米呀！"

"行万里路是目的吗？在万里路中学数学才是目的。现在，八戒已经提出了一个极其有趣的数学问题。"

于是，我们走了 50 米后，又停了下来，盘腿坐在草地上，披着落日的霞光。唯有小唐同学坐在沙沙同学挑的一个箱子上，跷着二郎腿，歪着头，不屑于搭理我们，一个人吹着口哨看向西方。

"注意听题！待会儿谁要是没做出来，今晚 12 点一过，沙沙同学的担子就是他的！"

小唐同学一听，赶紧把二郎腿放了下来，迅速坐到我们旁边。

"这道数学题很简单，甭管你是用飞毛腿还是用凌波微步，抑或是筋斗云，总之就是，我们向西的速度最少要达到多少，才能从地面看到太阳永远都不落下去？"

小唐同学一听，嗖的一下又站了起来，抱怨道："寒老师，你以为我们师徒是大学教授啊？我们甚至还不如小学生呢，因为我们压根就没上过小学。"

"你先坐下，都一大把年纪了，别老这么激动。为了降低难度，我会把这道题简化一下，同时，我也会给你们一些提示。"

"寒老师，你快说！"八戒等不及了。

"听好了，地球的赤道，赤道你们应该知道吧？举个例子，如果八戒浑圆的肚子就是地球，那么八戒肚子上细细的腰带就是赤道。现在假设，我们5个人就在赤道上，而且这一天是春分，一路向西走，也就是太阳落下去的方向，那么，我们前进的速

度最少是多少的时候，才会一直看到太阳？确切地说，是看到太阳挂在西边，既不上升也不降落。"

"呵呵……"小唐同学笑着站了起来，"我先去上个厕所，八戒，你慢慢思考着。"

"师父，等等我！"沙沙同学也跟了过去。

…………

5分钟后，他俩回来了。

"怎么样，八戒，有思路了没？"小唐同学提了提裤子，一边坐下一边问。

八戒白了他一眼，没有理他。

"下面，我开始提示，地球的赤道长约4万千米。"

大家听完提示后陷入沉思，悟空抓耳挠腮，八戒闭眼喃

喃自语，沙沙同学目光呆滞，小唐同学满不在乎。

"我再继续提示，地球自转一圈是24小时，而太阳之所以东升西落全是因为地球自转的结果。"

"4万千米！寒老师，这数字太大了！"小唐同学继续抱怨，"就算我们知道怎么算，肯定也算不出结果的。"

"学数学，最重要的不是计算出题目的结果，而是知道解题的方法和思路，因为结果可以用算盘、计算器等计算出来。所以，你们只要告诉我这道数学题的解题方法就行。"

⋯⋯⋯⋯⋯

半小时过去了。

…………

半小时又过去了。

天渐渐黑了下来。

突然，八戒激动地大叫："我知道了，我知道了！哈哈哈……"

小唐同学一听，有点儿震惊，赶紧说："你倒是说说看啊。"

"是这样的……"八戒正要开始说。

"打住！八戒，你不要说，你要是说了，其他人不就都知道了吗？如果人人都知道，那这担子你来挑呀？"

"哎呀呀！"八戒一拍大腿，"我差点儿上了某人的当。走走走，寒老师，咱们走远一点儿，然后我小声告诉你，

这样你就知道我已经解出来了。"

说着，我跟八戒起身，走出5米远。然后八戒小声跟我说了解题思路。

"太对了！"我忍不住激动地大叫起来，"八戒，你简直就是天才！"

小唐同学、悟空、沙沙同学一听我的话，纷纷转头看向我俩。小唐同学开始认真思考，悟空还是抓耳挠腮，沙沙同学看不出有什么表情。

回来后，八戒哼着小曲，躺在草地上看风景。小唐同学、悟空、沙沙同学苦苦思索。

过了10分钟后，悟空大喊一声："我也想到了！"

也许是小唐同学太过于专注思考，一下子被悟空的叫声吓得身体往后一倒，差点儿躺在地上。他一脸愤怒，愤怒中又夹杂着焦虑，额头开始冒汗。

"悟空，你跟八戒到5米远的地方，把你的解题思路说给八戒听。如果八戒觉得你对，你就是对的！"我说。

悟空和八戒起身，走到5米远的地方，开始小声说话。

"哎呀！猴哥，你想的跟我一模一样！恭喜你！"八戒听后，大声说。

小唐同学急忙回头，看着他俩，越发着急了。沙沙同学的眼睛闭得紧紧的，就好像他开始发力，大脑正在全速运转。

几分钟后，沙沙同学说："有了。"

小唐同学一听，完了，担子要落到自己身上了。也许是过于着急，也许是心中早想说出那句话，他居然也结结巴巴说出："我……我……我也有了！"

两人竟然几乎同时想到了答案。怎么办呢？

八戒开始怀疑："师父，那你跟我过来说说。"

"凭凭凭……凭什么我先说，让沙沙同学先说！"小唐同学急了。

"好好好，沙沙同学，还有八戒、悟空，走，我们过去说。"

说完，沙沙同学起身，跟我们到了5米远的地方。他小声地说出了自己的解题思路，完全正确。小唐同学不断扭头看着我们，一副可怜巴巴的样子。

我们又回来了，大家围坐在一起，都直勾勾地看着小唐同学。

"看我干吗？"小唐同学很生气。

"现在，悟空、八戒、沙沙同学都已经说出了答案。所以，你就不用到5米远的地方了，直接说吧。"

小唐同学不说话。

"说呀，师父。"八戒催促道。

"催什么催？"小唐同学推了八戒一下，"都怪你！"

"怪我？"八戒纳闷儿。

悟空说："师父是怪你想出了这道数学题。说吧，师父，我们都听着呢。"

"我又忘了！"小唐同学瞬间起身，拿着他那把扇子，并指着那个担子很潇洒地说，"今晚12点一过，这副担子就是我的，咱们走！"

"师父，你这次真是太有气概了，也不枉我们叫你一声'师父'，走！"悟空说。

于是，我们又向着西方出发了。天上的星星眨呀眨，希望这次我们能走得更远一些。

追上太阳的速度

以多快的速度前进才能一直看到太阳？这个问题虽然是一道数学题，但它其实还跟地理、物理有关系。难怪小唐同学一听到题目后，就完全失去了信心，要去上趟厕所。

不过，学习数学最重要的是方法和思路，而复杂的计算可以交给计算器。故事中的问题，发生在赤道上，春分那一天，这说明太阳光正好直射赤道，而赤道的周长大约是4万千米。因为太阳直射在赤道上，绕着地球走过一整圈就是一天，而一天就是24小时。于是，我们知道，太阳直射在赤道上，一天所走过的路程约为4万千米，用的时间是 24 小时。也就是说，太阳直射赤道移动的速度大约是：40 000（千米）÷ 24（小时）≈ 1667（千米 / 小时）。因此，只要我们保持向西的速度大约是 1667 千米每小时，就能一直看到太阳当空照了。同样的道理，夕阳西下时，如果我们向西也保持这个速度，就能一直看到夕阳了。

投宿奇遇记

　　可能是不久就要把担子交出去的缘故，现在的沙沙同学把担子挑出了节奏，一颤一颤的，小手一摆一摆的。不知道的人，还以为他遇到了什么高兴事呢。

　　"嘻嘻，寒老师，现在是几点呀？"沙沙同学嬉笑着问。

　　"晚上7点。"

　　走了没多久，沙沙同学又嬉笑着问："寒老师，请问现在几点了？"

　　"有完没完！"小唐同学有点儿不高兴了，"你总是问时间干什么呀？"

　　"怎么了，师父？你口渴烦躁还是鞋里进了沙子？"沙沙同学关心地问。

"我不口渴，鞋里也没进沙子，你总是问时间弄得我很心烦！"小唐同学说。

八戒一听，捂嘴偷笑："我要是师父，我也烦。"

走着走着，小唐同学突然若有所思，一个人自言自语："不行呀，这样不对呀！"

大家没搭理他，继续赶路。

于是，小唐同学急了，一屁股坐在地上："难道你们就要这么走下去？黑灯瞎火的。"

"有星星呀，师父！"八戒说。

小唐同学有点儿无赖地说："我不走了。除非我们去找个旅店住一宿，否则我就在这草地上睡到明天12点。"

原来是这样呀，小唐同学盘算的是晚上12点过后，我们都在睡大觉，最好睡到明天中午12点，然后这担子他就能少挑一会儿。好吧，我们也不用戳（chuō）穿他了，反正也得睡觉，就去找个旅店吧。

"那就走吧，什么时候看到旅店咱们就停下来。"

"这还差不多！"小唐同学起身，又愉快地上路了。

又走了两个多小时，我们看到前方一座小山下的树林旁，有一座二层小楼，楼前挂着一面旗子，旗子上写着"旅店"。

"太好了！"小唐同学高兴得又蹦又跳。

"师父，我觉得这是个黑店！你瞧，周围都是荒山野岭，黑漆漆的，怎么会有旅店呢？"八戒一本正经地说，"我看，咱们还是不要住了。"

"跟我作对是不是？"小唐同学生气地说，"八戒，你什么时候怕过黑店，黑店怕你还差不多。我这细皮嫩肉的都不怕，你怕？"

"好好好，不怕。反正有猴哥呢！"八戒一边说一边向前跑去。

走近后，借着楼外的灯光，我们看到旅店外面的椅子上坐着3个头发蓬乱的男子。他们低着头，那样子看上去真是让人心里发虚。

"请问，你们3位是店老板？"八戒上前打问。

坐在中间的那个男子听到问话后，把头缓慢地抬起来，白了八戒一眼，说："我们是旅客。"然后又把头低下了。

不妙，这家店真有可能是黑店，要不这些住店的旅客怎么这么神经兮兮的，说不定这些旅客原来都是正常人，住在这家店里就会被弄出精神病。看来，这店是铁定不能住了。

我们不约而同地往回走，准备离开此地。但是小唐同学还是不甘心，扭头问了一句："敢问一下，你们3个既然都是旅客，这都晚上10点了，为何不去睡觉，非要蓬头垢（gòu）面地坐在旅店外面吓人？"

哎呀呀，小唐同学真是不会说话，他们住在黑店里，现在不缺胳膊不少腿的活到现在，就已经是奇迹了，哪还顾得上睡觉呀。

幸好，那3个人看上去精神恍（huǎng）惚（hū），已经不在乎这些了。坐在中间的那个男子无精打采地说："我们被一个问题困扰着，已经想了10小时了。你以为我们想蓬头垢面？"

一个问题？我们一下子来了兴趣，又掉转身子，走到那3个人面前，开始打听起来。

"什么问题？"八戒问。

"其实这已经不叫问题了，应该说是一件灵异的事！"坐在中间的那个男子说。

"啊，灵异事件？我最感兴趣了。"八戒迫不及待地说，"来来来，快说说，也许我们能帮你们。"

"是这样的。"坐在边上的那个男子穿了件格子衬衣，他说，"我们3个人上午11点来这家旅店住宿，我们要了一个房间，服务员跟我们说，房间一晚30元。于是，我们哥仨一人掏了10元，凑齐30元给了老板。"

"然后呢？"悟空问。

"咳，你听我慢慢说来。我在上厕所的时候，不小心偷听到了旅店老板和服务员的对话，老板说，今天住宿有优惠，一个房间收25元就够了，让服务员把5元退给我们。我蹲在厕所里很是高兴。"

"这是好事呀。"八戒说。

"还没完呢。"格子衬衣男又说，"我们回到房间后，不一会儿，服务员给了我们3元钱。奇怪的是，为什么服务员只给了我们3元钱，而不是5元呢？"

"对呀，肯定是服务员私吞了2元。你们得去找他。"小唐同学说。

"咳，我们哪儿还有心思想这个呀！现在，一个灵异的问题出现了，知道吗？"

"啊？"小唐同学的身子向后一退，吓了一跳。

格子衬衣男说："我现在就来给你们说说这个灵异问题。你们看，我们一开始每人交出10元，总共是30元，后来，服务员退给我们3元，我们每人各分得1元。也就是10－1＝9，我们每人花了9元，3个人每人9元，加起来就是27元，再加上服务员私吞的2元，总共就是29元。请问，还有1元钱哪儿去了？"

"对呀！"八戒开始抓脑袋，"你们一开始出了30元，但现在算下来只有29元，那1元去哪儿了呢？"

"不就是1元钱嘛！"悟空说，"你们至于想破脑袋，把头发抓得像鸟巢一样吗？"

"我们真的不是在乎这1元钱。"格子衬衣男说着掏出了手机，"你们看，我这手机屏幕大得跟我的脸差不多，价值2000元呢。就凭我用的这手机，我是在乎这1元钱的人吗？现在的问题是这件事很奇怪，我们很想知道这1元钱去哪儿了？"

"也许只是道数学题！"

小唐同学忽然兴奋起来。

"这哪儿是什么数学题呀！"格子衬衣男一脸哭相，"这分明是道魔法题。我们也是上过学的好不好！要是数学题，我们还算不出来？"

"这就是道数学题！我们也许能帮你们解答出来。"我说。

"真的？"3个人异口同声，满脸期待地看着我。

格子衬衣男又说："你们要是能解答出我们的疑问，我们那个房间今晚就让给你们住了。"

"真的？"小唐同学兴奋得跳了起来。

"唉！"格子衬衣男摇了摇头，苦笑道，"如果这真的只是道数学题，我们没做出来，那你们说，就我们这智商还住什么旅店，这不是浪费吗？不光让你们免费住，只要你们解答出来了，明天一早，我们还请你们吃早餐。"

"太好了！唐猴沙猪，今晚12点一过，这担子就由小唐同学来挑，如果这道题谁解答不出来，后天的担子就由他来挑！"

"好！"小唐同学摩拳擦掌。

因为有了小唐同学之前的教训，这次大家不敢再怠（dài）慢了，纷纷开动脑筋想起来。

八戒来回踱步，口里默念："27元，加上服务员私吞的 2 元，29 元，总共拿出 30 元，那还有 1 元呢？"

"八戒你闭嘴，别打乱我的思路。"小唐同学双手捂着耳朵说。

"好好好，我走远一点儿。"八戒拍了拍脑袋走远了。

那 3 个人呆呆地看着我们，眼神傻傻的，一脸茫然，有点儿不相信唐猴沙猪能解答出来。

沙沙同学看着星空，开始不断抓脑袋。格子衬衣男看在眼里，不由一笑："看来，你们几个正在向我们哥仨学习呀，这发型快赶上我们了。"

悟空一脸纳闷儿："不对呀，寒老师，你看……"

"别跟我商量，这万一要是把答案商量出来了，算谁的呀？大家都听到了，然后大家都会做了，这担子你来挑呀？"

"对对对！"小唐同学说，"寒老师说得没错，如果大家都会做，那这道数学题就没用了。"

"你们几个慢慢想着，我先去房间休息，你们谁要是解答出来了，不要说话，直接到房间找我，如果正确，就可以在房间里睡大觉了。"

"站住！"一直沉默不语的那个男子指着我大声说，"你们还没有解答出来，怎么能住进我们的房间？"

"你放心。如果我们解答不出来，赔你们 100 元！"说完，我就进旅店房间休息去了。

大约过了半小时，悟空来到房间里，他得出了答案。

10分钟后，八戒和沙沙同学也陆续进来了，他们也做对了。

小唐同学最后一个进来。

"师父，你做出来了？"悟空躺在床上，跷着二郎腿问。

"做出来也没用，因为师父是最后一个做出来的。"八戒急忙说。

"我没有做出来。"小唐同学耷拉着脑袋，说完，无精打采地坐在房间的地上。

"你知道为什么两次都是你输吗？"

"寒老师，你肯定会说是我笨的原因，我知道。"小唐同学说。

"不是！第一次你输了，那是因为你满不在乎，不认真对待。第二次输是因为你太认真了，害怕输，内心焦急，结果又钻进死角了。"

过了一会儿，那3个人进来了，我们把答案告诉了他们。他们听后，不停地感叹，走出了房间。

"原来是这样。"

"原来如此。"

"唉……"

1元钱哪儿去了？

故事中，那3个人遇到的只是一道数学题，而不是什么灵异事件。这道数学题之所以难住了他们，是因为题目带有很大的迷惑性。

3个男子去投宿，一晚总共花费30元。3个人每人掏10元凑够30元。老板说，有优惠，25元就够了，拿出5元叫服务员退给他们。但服务员私吞了2元，只把剩下的3元分给了3个人，每人分到1元。这样，一开始每人掏了10元，现在又退回1元，也就是10 − 1 = 9，每人花了9元，3个人加起来就是27元，加上服务员私吞的2元，总共29元，还有1元不知去了哪里。

仔细想想就会发现，上面的算法中出现了明显的问题，因为那27元中本身就包含了住宿的25元和服务员私吞的2元，再加上退给他们3人的3元，就是30元。而他们3个人把27元加上2元，重复计算了服务员私吞的2元，因此，导致了结果错误。

小唐同学的诡计

　　第二天上午，我们起床后，没想到那3个人居然还在，他们真是特别守信用的人，非要请我们吃早餐。我们说，住了他们的房间，应该我们请他们吃早餐才是，但他们死活都不肯，还说什么"大丈夫一言既出，驷马难追"。

　　与这3个守信用的男子分别后，我们又上路了，小唐同学挑着担子。只见他气喘吁吁，满脸是汗，还不断换着肩挑担。沙沙同学活蹦乱跳，好不轻快。八戒呢，他一直围绕小唐同学跳着转圈，不停地问："师父，你累不？累不？"

小唐同学狂擦汗，没有搭理他。

走了大约半小时，我们来到了一棵大树下。

咚的一声，小唐同学把担子重重地放在了大树下："太阳太毒了，咱们歇会儿！"

看着小唐同学满脸的汗，大家只好坐在大树底下休息起来。

八戒靠着大树坐下，坐着坐着就睡着了。小唐同学打开箱子，把里面的数学书翻出来，然后用发抖的双手捧着书，开始认真地看。

悟空闲得无聊，爬到树上逗鸟去了。而沙沙同学则把头埋得低低的，在逗蚂蚁。周围最大的声音是八戒的鼾（hān）声。

40分钟后，八戒睡足了，醒了过来，揉了揉眼睛说："哎呀，师父，你还在看书呀！"

"有啥办法呢，笨鸟先飞呗。我要是像你那么聪明，我也睡觉。"小唐同学谦虚地说。

"嘿嘿，"八戒得意地笑了，"那倒也是。"

"不过。"小唐同学又说，"这万里路上，就算八戒你再怎么聪明，我想你也会有输的时候。"

"这是肯定的！我也想当常胜将军，但是高手也有失误的时候。"八戒说。

"那不如咱们赌一把！"小唐同学淡淡地说，"如果这次我输了，下次你输的时候，我就替你挑担子，这样的话，你就能当常胜将军了。怎么样？"

"怎么赌？"八戒坐直了身子。

"其实也不是赌，就是我出道简单的数学题，如果你答对了，你就赢了。如果答不出来，那么今天你就输我一次，替我挑担子。"

"你出！"八戒说。

小唐同学说："桌子上原来有10根点燃的蜡烛，先被风吹灭3根，不久，又被风吹灭2根，最后桌子上还剩几根蜡烛？"

"10根蜡烛，先是吹灭了3根，后来吹灭了2根，10

减去 3 等于 7，7 再减去 2 等于 5。"八戒激动地站起来，大声说，"我知道了，最后桌子上还剩下 5 根蜡烛。你又输了，师父！"

小唐同学一听，扭扭脖子，轻快地说："看来咱们可以上路了。"

"唉……八戒，走吧，把担子挑上，咱们上路。"

"寒老师，你有没有搞错？题目我答出来了。"八戒一脸着急。

"小唐同学的问题是，最后桌子上还剩几根蜡烛？当然是 10 根嘛，他又没有问'桌子上还剩几根没有灭的蜡烛'。"

"啊！"八戒一脸茫然，"糟糕，中计了！"

"亏你耳朵那么大，这都没听出来。"悟空从树上跳了下来，丢下一句话后也上路了。

八戒挑着担子，低头不说话，郁闷极了。

走了半小时，一直沉默的八戒最终还是没有抑制住自己的情绪，大叫道："这哪儿是什么数学题？这分明就是个脑筋急转弯！师父，你太坏了！"

小唐同学回头说："八戒，你一直都是个很有气概的人，愿赌服输，希望你能继续保持优良的品格。"

"你——"八戒又气又累，满脸是汗，好不可怜。

我拍了拍八戒的肩膀，说："没事，八戒，就当买个教训。你说小唐同学出的不是数学题，这就不对了，实际上，他出的那道数学题反映了数学的一个特点。"

"啥特点？"八戒的汗都快流到眼睛里去了。

"走，前面有片小树林，咱们先到那里歇歇，然后我再说是什么特点。"

到小树林后，我们一起坐在草地上，树上的各种鸟儿发出的叫声委婉动听。

八戒累得四脚朝天躺在地上。他随手揪起一根草，放在嘴里嚼呀嚼。

"虽然小唐同学出的题目有点儿像脑筋急转弯，但这道题确确实实告诉了我们一个事实，那就是数学跟其他学科相比，具有很强的严谨性，稍不注意，就会出错。"

"跟其他学科相比，此话怎讲？"八戒问。

"咱们可以用一个笑话来说明一下。话说，3位科学家从伦敦去苏格兰参加会议。在苏格兰，他们发现了一只黑羊。

"'啊，'天文学家说，'原来苏格兰的羊是黑色的。'

"'得了吧，仅凭一次观察你可不能这么说。'物理学家说，'你只能说那只黑色的羊是在苏格兰发现的。'

"'也不对，'数学家说道，'通过这次观察你只能说，在这一时刻，这只羊，从我们观察的角度看过去，它一侧是黑色的。'

"数学家虽然看上去有点儿呆板，但他说的话是最严谨的。因为万一羊的另一侧是白色的呢？你没看到，就不能想当然地以为羊的另一侧也是黑色的。这也说明一个问题，要想学好数学，必须时刻注意严谨性。很多人常把一些简单的数学题做错，或者做不出来，不少原因是没有注意数学题中的严谨性。"

"来！"八戒看向小唐同学，"我出一题，你来答，如果你答对了，明天我还替你挑，如果输了，今天还是你来挑吧。"

"八戒，我看还是算了吧，万一你还是输了，为师于心不忍啊。"小唐同学说。

"不行！就得来！"八戒急了，"你怕了吧？怕也得来！"

"好，你出。"小唐同学说。

"听好了。"八戒说，"树上原来有10只鸟，开枪打死1只，还剩几只？"

小唐同学立刻坐直身子，追问道："你确定那只鸟真的被打死了吗？"

"确定。"

"是用无声手枪打的吗？"小唐同学又问。

"不是。"

"枪声有多大？"小唐同学问。

"很大很大。"

"那就是说会震得耳朵疼？"

"是。"八戒苦笑着说，"拜托，你告诉我还剩几只就行，好吗？"

"行！树上的鸟有没有聋子？"

"没有。"

"有没有关在笼子里的？"

"没有。"

"边上还有没有其他的树？"

"没有。"

"树上还有没有其他的鸟？"

"没有。"

"算不算怀在鸟肚子里的鸟蛋？"

"不算。师父你有完没完？"八戒生气地说。

"打鸟的人，眼睛有没有花？保证看到的是10只？"

"没有花，就10只。"八戒脸上的汗又出来了，但是小唐同学似乎还没有结束的样子。

"鸟有没有傻到不怕死的？"

"都怕死。"

"会不会一枪打死两只？"

"不会。"

"所有的鸟都可以自由活动吗？"

"完全可以！"八戒忍无可忍，跳起来，"你到底有完没完？"

"如果八戒你的回答没有骗人的话，"小唐同学满怀信心地说，"打死的鸟要是挂在树上没掉下来，那么就剩下1只；如果掉下来，就1只也不剩。"

八戒傻傻的，坐在原地，张着嘴。半晌，他咽了一大口口水，喉结上下动了一下："这样也行？"

"怎么不行？"我又拍了一下八戒的肩膀，"小唐同学要是在这道题上不严谨就输了。走吧，八戒，咱们该上路了。"

除了八戒，大家又欢快地上路了。八戒像丢了魂儿一样，一个人挑着担子，深一脚浅一脚地跟着，沉默不语，两眼无神，盯着地上。

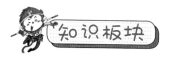

数学使人精细

英国科学家、哲学家培根在《论学问》中有一句名言：读史使人明智，读诗使人巧慧，数学使人精细，物理使人深刻……

故事中的几个例子说明，面对数学时，如果不精细，就会出问题。比如，3个男子住宿时算错账，想了好久也不知道那1元钱去了哪里，这就是因为他们不精细才出错的。

八戒在听小唐同学的题目时，把"桌上还剩下多少根蜡烛"想当然地认为是"桌上还剩下多少根点燃的蜡烛"，结果错了，只能去挑担子。

实际上，任何人都有粗心的时候，只是粗心的程度不同而已。因为数学的严谨性，学习数学恰恰能培养人细心的习惯。

走走停停，不知不觉又到了傍晚，太阳渐渐消失在西方的地平线上，只剩下绚丽的晚霞。

"我捡到宝啦！"沙沙同学大喊道，"快来！"

我们一听都急忙跑到沙沙同学跟前，除了八戒。

"宝在哪里？"小唐同学迫不及待地问。

"就是这个。"沙沙同学指着地上一株茂盛的植物。

"这也叫宝？沙沙同学，你是怎么回事？"小唐同学皱着眉头埋怨道。

"这棵植株就是土豆。"沙沙同学说,"它长得这么茂盛,想必它下面的土豆又大又多还很嫩吧!"

我们仔细一瞧,没错,好家伙,原来真是一棵土豆植株。

八戒走在后面,听说有宝也无动于衷,可听说是又大又嫩的土豆,便放下担子,小步跑了过来。

"在哪里?在哪里?走开!走开!让我看看!"说着,八戒一把将小唐同学推开,定睛一看,急忙说,"快挖呀,你们还等啥啊!我都挑了一天担子了,难道还让我动手?"

八戒说得对,还等什么呢?

于是,我们就像小狗刨土一样,你一下我一下,不到两分钟,就把土豆一个个刨了出来,土豆一共二十几个,有的比八戒的拳头还要大,土豆嫩嫩的。

"站着干什么?快去周围找柴火!"八戒又催促道。

于是，我们4个人就像一下子得到了命令似的，瞬间分奔四处。不到10分钟，除了沙沙同学，我们每人都找来了一大捆干柴，沙沙同学手里抱着的是几大块干干的牛粪，还一脸兴奋。

　　"沙沙同学，我说你咋回事？"小唐同学一脸苦笑，"我们是用柴火来烤土豆，你却抱来一大堆干牛粪，用牛粪烤的土豆还能吃吗？"

　　沙沙同学脸上的笑容没有了，争辩道："师父，你可别小瞧这牛粪。你知道吗，在西藏，那些纯朴的藏民用干牛粪作为烧茶做饭的燃料，已经有上千年的历史了。直到现在，雪域高原的广大农牧民依然将干牛粪看作最佳的燃料呢。"

　　"沙沙同学说得对！"我说，"如果小唐同学还是别扭，牛粪作为最后的燃料就是了，等我们把土豆烤熟了，晚上在这里过夜时，再添加牛粪作为燃料。你们不知道，牛粪很耐烧的。"

　　我们找了一大块没有长草的平地，在中央的地方开始生火。星空下，篝火的火苗摇曳着，好像跳起了舞蹈。我们围坐在火堆旁，火苗将我们的脸照得红红的，我们的身上暖暖的。

　　吃完了冒着热气的土豆，我们一个个打着饱嗝儿，心满意足地躺在火堆旁，望着满天的繁星，偶尔还能看到一颗流星划过夜空……

"天上的星星可真多呀，不知道到底有多少颗。"八戒两手托着下巴，"那一定是个很大很大的数字。"

"我想到一个问题：宇宙中到底哪个数才是最大的？"悟空问。

"说起宇宙中最大的数，还有一个故事呢。"

"什么故事？寒老师，你快说！"小唐同学催促道。

"故事说的是，古时候有两个匈牙利人，他们都是贵族，闲来无事，玩数数游戏，规则是，谁说出的数字大谁就赢。

"'好，'一个人说，'你先说吧！'

"另一个人绞尽脑汁想了好几分钟，然后说出了他所想到的最大的数字——3。

"现在轮到第一个人动脑筋了。他苦思冥想了15分钟后，摇了摇头，叹气道：'你赢啦！'"

"哈哈哈……太逗了！"八戒捂着肚子笑道，"真笨！4比3大，居然连这都不知道，真笨！"

"这个故事中的两个人自以为是贵族就了不起了，其实他们连数还数不清楚呢。虽然这个故事听上去很夸张，但是如果故事发生在原始人身上，就不是笑话了。在非洲的一些原始部落里，人们认为最大的数就是3，如果超过3，他们就只能说很多。就好像天上的星星一样，我们只能说很多颗。"

"原始人真可怜，嘿嘿。"八戒摸着肚子笑道。

"你说他们可怜，但是你知道吗？很多数学学得好的人看你们4位也像看原始人一样呢。"

"是呢。"八戒忽然伤感起来，"我们连小学都没有上过，很多人看见我们就像看见原始人一样，一想起这个我就难受。"

小唐同学不赞同八戒的观点，说："瞧你说的，咱们已经知道自己的短处，这不是在行万里路，读万卷书，正学呢吗？"

"学？"八戒歪头盯着小唐同学，"我看你是在学脑筋急转弯。"

小唐同学嘟着嘴，回敬道："我就喜欢脑筋急转弯，怎么样？"

"你俩别吵了。"沙沙同学劝说道，"我觉得，学习数学就像爬楼梯，应该一级一级地往上爬，所以，我们应该从最基础的东西学起。"

"问题是……什么才是数学中最基础的东西呢？"悟空说。

"数学数学，当然是数字了。"八戒说。

"得了吧，1234567…谁不会呀，这还用学？"小唐同学说。

"此言差矣。数分很多种呢，远没有你想的这么简单。

比如有理数、无理数，整数、分数等。"

"无理数？"八戒说，"寒老师，无理数是不是就是蛮不讲理的数？"

"哈哈，可不是像你这么理解的。关于无理数，还有很多惊险的故事呢。"

"啊？"八戒来了兴致，"寒老师，这些个性十足的数在哪里，我好想去认识它们呀。"

"假如存在一个'数王国'，那它们一定都在那里喽。"

"等于没说。"八戒又开始抬头看星星。

"那要看是谁说！"悟空坐了起来，"我曾经把大家一次又一次变小，到分子国、原子国探险，数王国又有什么不能去的呢？"

"真的？"

"寒老师，我什么时候骗过人啊？"悟空想想，感觉有什么地方不对，赶紧补充，"……我什么时候骗过你？"

"太好了！这就是我喜欢跟你们一起探险的原因。"

小唐同学也兴奋起来，噌地站了起来，拍拍屁股："那咱们走吧！"

八戒急得坐起来："师父，你真是饱汉不知饿汉饥，我都替你挑了一天的担子啦，还不让我歇歇呀！"

八戒说得也对，温暖的火堆，灿烂的星空，这要是不睡个惬意的觉，确实对不起此情此景。

我们一个个又躺下，数着天上的星星，慢慢进入了梦乡。

存在最大的数吗

寒老师讲的故事中，两个匈牙利贵族玩数数游戏，谁说出的数字大谁就赢。那么，世界上存在最大的数吗？答案是否定的。因为任何数字不管它再怎么大，只要在这个数字的基础上加上 1，那么后一个数字就比前一个数字大。

所以，如果哪个同学要跟你玩这个游戏，那么你一定不要先说，要等对方先说。比如，故事中的那个贵族说 3，你可以说"我的数字是 4（3 + 1）"，你就赢了。如果对方说 1 亿，那你就可以说"我的数字是 1 亿 +1"。

那两个贵族并不知道一些大数字，其实，有很多很大的数字呢，咱们来了解一下吧。

大家都知道，10 是 1 的后面跟 1 个 0；100 是 1 的后面跟 2 个 0；1000 是 1 的后面跟 3 个 0……

除了以上经常遇到的数字，还有一些超级大的数字呢。比如，1 亿是 1 的后面跟 8 个 0；1 兆是 1 的后面跟 12 个 0；1 京是 1 的后面跟 16 个 0……

虽然宇宙中不存在最大的数，但是知道以上这些大数字，基本上就能保证你在玩数数的游戏时，比其他同学获胜的把握大。

智闯数王国

第二天一大早，当朝阳照在我们脸上时，我们一个个醒了过来。

马上就要去数王国见那些神奇的数字了，除了八戒，大家都精神抖擞（sǒu），一脸激动。八戒坐在地上，愁眉苦脸，一看就是有什么心事。

"八戒，你不想去吗？"

"不是，寒老师。你说，我们去数王国，却还要挑着这一大担子数学书，这不是让人笑话吗？"八戒歪着头说。

"休想偷懒！"悟空及时打消了八戒想丢下担子的念头。

"数王国里面的神仙们才不会笑话我们呢，"小唐同学说，"他们也许会被我们的诚心打动，然后一感动就告诉我们数学的真谛。"

"准备好了！"悟空看看大家，然后大喊一声，"出发！"

在悟空的余音中，我们的世界整个变了样，就好像钻入了时空隧道，我们在一个绚丽的通道里飞速前进，也不知道拐了几道弯，最后我们终于来到了一个新世界。

这里没有城市，没有村庄，只有无边的大海和陆地上广衰的森林，天是淡红色的，海洋是深蓝色的，放眼望去，跟我们的世界有点儿不一样，想必，这就是悟空说的数王国了。

我们飞到深蓝色的海洋上空，看到一座岛屿，这座岛屿是如此的奇怪，以至于我们觉得称它"岛屿"好像有点儿不合适。这座岛屿是如此的长，一眼望不到边，就像是无数的小岛屿紧密地连在一起，把大海隔开了，又像是无数的篮球被一根长长的带子串着，漂浮在海上一样。

从高空往下看，岛屿上有个地方似乎有一扇大门，于是，我们决定就在那里降落。

来到那座岛屿上后，果然，展现在我们眼前的是一扇紫色的大门，而我们的身后便是大海。

当我们朝那扇大门走近后，突然，门里跳出一位拿着大刀的武士，这位武士全身都是肌肉，戴着一顶帽子，帽子上横插着一根有手臂那么长的棍子。

"站住！"武士大喝一声，同时用大刀指着我们，"敢问来者何人？"

我们猝不及防，吓得直冒冷汗，八戒碎碎叨叨地说出了我们的来意。那人听后，才把指着我们的大刀放下。

"很好……"武士说，"原来你们是来学习数学的，我们非常欢迎。但是你们得答应我一个条件。"

"什、什么条件？"小唐同学惊魂未定。

"你们 5 个人当着我的面，齐声高呼'万物皆数'，而且要高呼 10 遍！"武士说。

"我受不了啦！实在是太欺负人啦！"悟空拿出金箍棒，大声说，"咱们来比试比试！"

武士一听，横眉冷对，把明晃晃的大刀指向我们，小唐同学一看吓得够呛，急忙跑过去抱住悟空的大腿："悟空，这算什么呀，他又没有叫我们跪下磕 10 个响头。别节外生枝啦，咱们喊吧！"

悟空这才不情愿地把金箍棒放了下来。

"来来来，我数1，2，3后，咱们一起高喊。"小唐同学说完，就开始喊，"1——2——3——"

"万物皆数！"

"万物皆数！"

…………

"万物皆数！"

当我们一起傻乎乎地高喊完10遍"万物皆数"后，我们的头都晕了，嗓子也干干的，还一肚子气。

"走吧！"武士的脸上露出了笑容，不知道他这笑容里是高兴还是嘲笑。

紫色的大门打开了，展现在我们眼前的是一条笔直的小道，小道两旁是我们从没见过的奇花异草。走到小道的尽头，又是一扇大门，还好，武士这次没有要求我们再傻乎乎地高喊 10 遍"万物皆数"，门就开了。

这是一座辉煌的宫殿，宝座上坐着一位长相怪异的人，他的脸很长，鼻子也很长，用驴脸已经不足以来形容他的脸了。跟武士一样，他也戴着一顶帽子，帽子上横插一根棍子，比武士的那根还要长。

"很好。"坐在宝座上的那人一脸笑容，"我已经听到你们的喊声了，每次听到有人在外面高声喊出'万物皆数'，我内心甭提有多畅快。"

"为什么呀？"悟空一脸不高兴。

"因为信仰，我们一直以来全力支持的信仰。"那人说。

"什么信仰？"八戒问。

"就是'万物皆数'呀！"那人又说。

"万物皆数的'数'是个什么数？"八戒追问。

"就是有理数呀。"

"啊！"我惊讶道，"难道您就是有理数……"

"正确，我代表着有理数，你也可以认为我就是有理数大王。"

"手下没几个兵，"八戒忍不住笑起来，"也敢自称大王？"

"放肆！"旁边那个武士又举起了大刀。

"休得无礼！"有理数大王制止了武士，转头笑着说，"哈哈，我的鼻子很长，而你的耳朵很大，咱们有相似之处，我原谅你了。另外，你之所以这么说，还是因为你无知，不知道我们有理数到底有多厉害。"

"说实话，"悟空在旁边找了个凳子坐下，"我们还真是不知道。"

万物皆数

"万物皆数"是数学家、哲学家毕达哥拉斯提出的观点，他生活在距今2500多年前的古希腊。他认为数学可以解释世界上的一切事物，所以他对数字非常痴迷。

毕达哥拉斯还认为，世界上的任何数都可以用整数或者两个整数的比来表示。

什么是整数？顾名思义，"整"就是整齐、不乱的意思，那什么数字看上去才整齐呢？很简单，比如0，1，2，3，4，5…这些数字就给人一种井然有序的感觉。

言下之意，就好像还有一些数字很乱似的，确实如此。1个苹果可以用1来表示，那半个苹果用什么数来表示呢？咱们可以用毕达哥拉斯的方法来表示，他说任何数都可以用两个整数的比来表示，下面咱们来看看怎么做。

半个苹果，其实就是把1个苹果切成2份，显然，现在每1份就是半个苹果了，用数来表示其中1份，就是1∶2，读作"1

比2"，人们更喜欢把1：2写成$\frac{1}{2}$，读作"二分之一"，意思就是2份中的1份。所以，1个苹果平均分给两个人，每人得多少个苹果？你可以说$\frac{1}{2}$个苹果。$\frac{1}{2}$还可以写成0.5，0.5里面的那个小点就是小数点。

$\frac{1}{2}$和0.5其实都是一个数，只是长相不一样而已。像"$\frac{1}{2}$"这种形式的数叫作分数，而"0.5"这种形式的数叫作小数。

如此说来，我们就可以把毕达哥拉斯的观点转换成这样：世界上的任何数都可以用整数和分数来表示。而整数和分数统称为有理数，故事中的有理数大王，他就代表着整数和分数。难怪他这么自信，认为世界上的任何数都可以用有理数来表示。其实，有理数还包括负数，不过，这些知识咱们以后再学习。

悟空话语中冷嘲热讽，而且没经过有理数大王的允许，就擅自坐在了凳子上。果然，有理数大王喊出了震耳欲聋的一声："走！"

"走就走，才不稀罕待在你这里呢。"悟空说着从凳子上站了起来，准备走。

忽然，我们全都飞了起来，跟着有理数大王和他的武士飞出了宫殿，飞上了高高的天空，并一直向东飞去。

我们一个个惊得就像是被龙卷风卷上天的小兔子，害怕极了。

"你要带我们去哪里？"悟空大声问。

"待会儿你就知道了！"有理数大王头也不回。

不到1分钟，我们飞到了这座岛屿的尽头，终于停了下来。此刻，我们飘在空中。

有理数大王回过头对我们说："我现在就让你们见识一下有理数的厉害！"

除了悟空，我们4个人都吓得浑身发抖，以为他要惩罚我们。但是没想到，他却笑着说："知道吗？我们有理数包

含全宇宙的数，全宇宙所有的数都在我们有理数的范围之内。这就是我们的信仰——万物皆数。"

"为什么呢？"小唐同学心想，只要不是惩罚我们就好，于是歪着脑袋，一副很虚心学习的样子，"请有理数大王给我们讲讲，好吗？"

"你们看！"有理数大王用手往下一指，"我所在的这座岛屿，长得几乎能把汪洋大海一分为二，而我们的脚下就是岛屿的起点，起点之前什么也没有，这表示0。"

"那么1呢？"小唐同学又问。

"看到前方那个稍微宽一点儿的地方没？"有理数大王把手往西指向稍远处，那是一个向两边突出来的地方，"那个地方跟别的地方不一样，可以表示1。"

"哦！"八戒叫道，"我明白了，难怪我们来之前，怎么觉得你们这里好奇怪呢，就好像一条长带子串着很多篮球浮在海上一样，你所指的那个地方如果代表1的话，那么下一个'篮球'就代表2，再下一个就代表3，是吧？"

"我说你怎么跟我有相似之处呢，原来你最聪明了。"有理数大王笑嘻嘻地说，"正确！所以，这天地间就没有我们有理数不能表示的数。"

"如果我想表示一个数，而这个数只比1大一点儿，怎么办呢？"悟空不服气地问。

悟空话音刚落，有理数大王就带着我们往回飞，飞到了刚才他说的代表1的那个"篮球"的上空，然后说："请问毛茸茸的这位同学，你说的比1大一点儿的数，到底是大多少呢？只要你能说出来，我们有理数中肯定存在着这样的一个数，就怕你才疏学浅说不出来吧！"

　　悟空气得直挠手，想说又说不出来。我一看，知道悟空不知道该怎么说，就替他说了："假如把1分成10等份，那么比1大1等份的数怎么表示呢？"

　　"很简单呀！"有理数大王又指向前方，"在1和2之间，有一些大树，这些大树的间隔是一样的，这些大树把1和2之间分成了10等份，而你们要说的那个数，就可以用1后面的那棵树来表示。"

　　"我明白了！"八戒又叫道，"是不是我们要表示比1大一指甲盖儿那么大的数时，你就可以用树与树之间的小草来表示了？"

　　"天哪，你居然这么聪明，我真想收你做徒弟了。"有理数大王说，"是的，确实是

这么回事。就算你们要表示比 1 大一粒尘埃那么大的数时，我们也可以表示出来。怎么样，我们有理数是不是能把宇宙万物的数都表示出来？"

"是的是的！"小唐同学附和道。

悟空把头一低，忽然，他的眼睛亮了起来，看来，他要用火眼金睛去看个究竟。他到底在看什么呢？

我们都盯着悟空，生怕他惹事。但是他不管我们，依然盯着下方看。

忽然，他大叫起来："快看！那里有个缝隙！"

"在哪里？"有理数大王生气了，"光天化日之下，可不要说瞎话。"

"跟我来！"悟空头也不回，就带着我们飞到 1 后面的第四棵树的位置，他使出魔法，顿时，我们的眼睛也变得特别好使起来。一看，那里果然有个小缝隙，特别小，里面什么也没有。

"怎么样？"悟空回头笑着对有理数大王说，"看来，你们有理数也不能表示出所有的数呀。"

"那只是一个小得差点儿都看不到的小缺陷而已。"有理数大王满不在乎。

悟空不管他，又回头使劲瞧了瞧，大叫道："快看，那里也有一个缺陷！"

说完，悟空又带着我们来到了代表 3 的小岛上空，我们仔细一看，果然又是一个什么都没有的缝隙。

"有理数大王，你不是说有理数能表示世界万物的数吗？"悟空讽刺道。

"那又怎样？我们有理数能表示的数数也数不清，这两个地方只是两个小缺陷而已！"有理数大王生气了，只见他说话的时候拳头紧握，眼睛发红。

"有理数大王，那不是缺陷。"我说，"那是无理数。"

"对不起几位了！"有理数大王冷笑道，"我曾经发过誓，谁要是在我面前说出'无理数'3 个字，我就要把他淹死！"

"啊！"我们 5 个人异口同声地惊叫起来。

惊叫声未落，有理数大王就向我们扑来。

"且慢！"悟空大叫一声，同时用金箍棒指着他，"请容我说一句话。"

"说吧，"有理数大王停了下来，"在你们死之前，让你们说最后一句话。"

悟空眼睛转了转，啥也没说，就带着我们飞奔而逃了。有理数大王发现上当了，立刻跟他的武士向我们追来。我们跟着悟空飞呀飞呀，但是不管悟空再怎么使力，有理数大王还是紧紧跟随，眼看，他们就要追上我们了。

说时迟那时快，悟空灵机一动，把我们 5 个人通通变小了，小得就像一粒尘埃。结果，有理数大王和他的武士看不见我们了，他们在周围愤怒地找呀找呀，找了半天后，气冲冲地飞走了。

见他们走远了，悟空带着我们来到刚才发现第一个缝隙的地方，我们又恢复到正常人的大小。

"好险呀！"小唐同学拍拍胸口，"差点儿被淹死！"

"怎么可能！"八戒很不屑地说，"要不是猴哥带着我们走了，我肯定跟他们大干一场。"

"呆子，你说的好像是我拖你后腿一样。"悟空说。

"不敢不敢。"八戒急忙赔罪，"不过，那有理数大王

确实厉害，你们没看见吗？还在大殿时，他大喊一声，就带着我们飞上了天，那功夫了得，所以，猴哥带着我们逃跑，真是一个明智之举。"

"逃跑？"悟空不服了，"要是只有我一人，我怕他？主要是我不想师父受到伤害。"

小唐同学不高兴了："悟空，八戒说你拖他后腿，我绝不赞同，但是你现在又说我拖你后腿，我也不高兴了。好像我一直都是你的负担一样，难道寒老师不是吗？"

"好吧好吧！"悟空一屁股坐在地上，无奈地说，"我说错话了，行不？"

"这还差不多，嘻嘻嘻。"小唐同学又高兴起来。

沙沙同学也坐在地上，说："我说你们真无聊，居然争论这些东西。我们应该商量一下，下一步要去哪里。依我说，我们应该钻进那条缝隙，也就是寒老师说的那个无理数王国看看。你们说呢？"

"我也有此打算，"悟空说，"否则我也不会把你们带到这儿。"

真好，我们马上就要进入无理数王国了，希望无理数大王是个好大王，我们可不想再逃跑了，累倒是没什么，关键是丢人。

有很多故事的无理数

无理数是一些很特别的数，古人在2500多年前就发现了它们，但是直到最近几百年，人们才承认无理数的地位。

这到底是一种什么数呢？要想认识无理数，先来听听它们的故事吧。

话说，毕达哥拉斯认为世界上的任何数都可以用整数和分数来表示，所以无理数既不是像2，5，9…这样的整数，也不是像 $\frac{1}{4}$，$\frac{1}{3}$，$\frac{1}{5}$，$\frac{3}{4}$…这样的分数。

虽然无理数不能写成分数，但是可以把它写成小数，只不过它非常的长，你永远都写不完，比如，故事中悟空发现的第一个无理数，在1的后面，它实际上是1.4142135624…，这个数很长，永远没有尽头，并且小数点后面的那些数是没有任何规律的，人们无法去总结它。

而悟空发现的第二个无理数其实是3.1415926535897…，这个数就是 π。π 有很多有趣的故事，以后我们再慢慢了解。

无理数王国

在象征有理数的那座长长的岛屿上，有很多任何有理数都不能填满的缝隙，这些缝隙是如此的细，细到无法形容，甚至说，一粒尘埃的宽度都不知道要比它宽多少万倍。

要不是有神通广大的悟空，把我们变得如此的小，我们自己是不可能钻到这极小的缝隙里的。

当我们钻入缝隙后，眼前忽然豁然开朗，这又是一个迷人的世界。有一些云飘在空中，我们在里面穿行，希望能找到无理数王国。

突然，在白云间，有一个悬浮在空中的小山，山上郁郁葱葱，都是大树，大树间有一座奇异的宫殿。

眼前的美景让我们都惊呆了，这里想必就是无理数王国了。

我们飞到这座奇美无比的宫殿旁，推门进去后，看到一个人，他背对着我们，跪在一幅画像前。

"请问，您是无理数大王吗？"小唐同学很有礼貌地小声问。

"是的。我已经提前知道了你们的来意，感谢你们来到我们无理数王国。"无理数大王回过头，此时，我们看清了他的容貌，一副很慈祥的样子。他也戴着一顶帽子，这顶帽子就像"$\sqrt{}$"一样，顶部是平的，帽子的尾部向下垂，并在末端向上翘起。

"我知道你们想了解什么，你们过来。"无理数大王起身，向我们招手。

走近后，他指着墙上挂着的画像，说："你们知道他是谁吗？"

此时，我们才看清，画像中的人有一对炯（jiǒng）炯有神的眼睛，头发胡子都是卷的。

"画像中的这人难道是希帕索斯？"我猜测道。

"没错！"无理数大王很高兴。

"寒老师，希帕索斯是谁？"八戒着急地问，"他值得让无理数大王跪拜吗？"

68

　　"他是古希腊的一位数学家，生活在 2500 多年以前，就是他最先发现了无理数。"

　　"哦，明白了。"小唐同学转头向无理数大王说，"没有希帕索斯就没有您，是吗？"

　　"不对。"无理数大王说，"这个世界上，我们无理数本来就存在，但人类一直不知道我们的存在。2500 多年前的人们认为，主要是毕达哥拉斯学派的人认为，宇宙中的任何数字都可以用有理数来表示，没我们无理数什么事。直到后来，希帕索斯发现了我们……"

"难怪！"悟空说，"但我纳闷儿了，我是用火眼金睛发现你们无理数的。不瞒您说，要不是我的火眼金睛，我也看不见你们无理数，所以我纳闷儿的是，希帕索斯到底是怎么发现无理数的？他的本领应该比我大多了吧？"

"对呀！"八戒也感叹道，"希帕索斯肯定是个法力无边的人。"

"哈哈……"无理数大王大笑起来，一边笑一边带着我们出了宫殿。宫殿外，各种奇花异草好不艳丽，空中飘着一朵朵白云。看着眼前这醉人的美景，我们的心情也像身边的花儿一样，美极了。

"说起来，希帕索斯发现我们的过程非常有趣，而且也充满惊险。"无理数大王笑容满面地对我们说，"他是通过一个神奇的几何图形发现我们的，这种几何图形很特别，关于它有无数有趣的故事。"

"几何图形？"沙沙同学疑惑地说。

"是的，几何也是数学，它是数学一个很大的分支呢。"我急忙给他们解释。

八戒说："寒老师，我忽然有一个想法，猴哥不是能把我们带回到过去吗？要不我们现在就回到过去，见识一下希帕索斯到底是怎么发现无理数的，而且咱们还可以向他学习一下几何知识。你们说怎么样？"

八戒话音刚落，小唐同学跳起来拍手叫道："太好了！我就喜欢这样。"

说心里话，如果能回到遥远的2500多年以前，见识一下希帕索斯是如何通过一个极其神秘的几何图形发现无理数的，那一定棒极了！

这种事悟空最感兴趣了，于是，他立刻跟无理数大王告别："无理数大王，谢谢您告诉了我们这么多，也许以后我们还会再来麻烦您的，希望您到时不要嫌我们烦。"

"怎么会呢？"无理数大王说，"你们就算来找我1万次我也不会嫌你们烦的。对了，你们去找希帕索斯的时候，一定代我向他问好啊。"

"一定一定！"大家异口同声地说。

说完，我们告别了无理数大王，一直向上飞，飞出了那条缝隙，又飞回到岛屿的上方。我们变成正常人大小后，悟空又带着我们离开了数王国，重新回到了当初我们烤土豆的地方。

抓阄儿决胜负

我清楚地记得，我们从烤土豆的地方出发，闯入数王国时还是早晨，回来时却已是晚上，凉风习习，月明星稀。

大家不想再耽搁时间，一心只想着赶紧去找发现无理数的希帕索斯。于是，悟空使出魔法，我们很快穿越到了2500多年前，地点是意大利的南部城市克罗顿（现在叫克罗托内）。

我们落在一片沙滩上。一落地，我们就被眼前的景象惊呆了：一望无际的大海，蓝蓝的海面上漂浮着捕鱼的小舟，

海边不远处有好多用石头砌成的漂亮房子，有的房子是土黄色的，有的房子是白色的，很是特别。这一切就像一幅油画。阵阵海风迎面吹来，我们闻到了一丝淡淡的大海特有的味道。

"我要作一首诗！"小唐同学扇着扇子，望着眼前的美景，诗兴大发。

只见他踮了踮脚，又踮了踮脚，几次欲言又止，最后叹气道："算啦，改天再作。"

八戒坐在他一路挑来的箱子上，跷着二郎腿，吹着口哨，等着欣赏小唐同学的大作。听小唐同学这么一说，他笑了起来："呵呵呵，呵呵呵……"

小唐同学回头盯着他，生气道："你呵呵什么呀，赶紧挑上你的担子，咱们要去找希帕索斯了！"

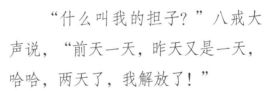

"什么叫我的担子？"八戒大声说，"前天一天，昨天又是一天，哈哈，两天了，我解放了！"

哦，也是，我们竟然把这事忘了，得赶紧找个数学题来分胜负，决定下面谁挑担子。可是出个什么题呢？

"寒老师，你快出呀！"小唐同学催促道。

"哎呀，我这一时半会儿还真

想不起来合适的题目。"

"那咱们痛快点儿，抓阄（jiū）儿吧！"悟空建议。

"抓阄儿跟数学有半点儿关系吗？"八戒说，"抓阄儿不是数学题！"

"你说抓阄儿不是数学题，我倒是同意。但你说抓阄儿跟数学没有半点儿关系，这就不对了。"

"寒老师你说来听听，有什么关系？"八戒不信。

"时间紧迫，咱们先抓阄儿，然后赶紧去找希帕索斯，路上我再给你们说。"说完，我打开箱子，取出一张纸，平均撕成4小张，并在其中的一张上写上"挑"字。

接着，我把4张小纸揉成团，捧在手里，说："谁先抓？"

八戒伸过手来，犹豫了一下，又把手缩了回去。

"婆婆妈妈的，让我来。"小唐同学冲过来，抓了一个，打开一看，立即仰头大笑起来，"哈哈哈！哈哈哈……"

悟空一看这情形，一下蹦到我面前，抓了一个，打开一看，也仰头大笑起来："哈哈哈！哈哈哈……"

沙沙同学一看，慌了，立马冲过来。八戒一看，急了，也跟着冲了过来，但还是晚了一步。结果是沙沙同学第三个抓，八戒最后一个抓。

八戒死死地盯着手中的小纸团，用颤抖的手慢慢地打开它，就好像此刻打开的不是纸团，而是一颗随时可能爆炸的炸弹……

　　沙沙同学才不像八戒那么磨叽呢，他唰唰几下打开了纸团，定晴一看，瞬间一蹦三尺高，双脚还没落地，就开始在空中大笑起来："哈哈哈……"

　　看到沙沙同学在狂喜，八戒的脸立马不好看了。但他没有死心，希望有奇迹发生，依然用双手颤颤巍（wēi）巍地打开了小纸团。结果，奇迹没有发生，纸团上赫然写着"挑"字。

　　在其他 3 人的大笑声中，八戒两腿发软，深一脚浅一脚地踩着沙子，走向担子，咚的一声，一屁股坐在箱子上。

小唐同学背对着大海，用扇子指向那些漂亮的房子说："上路！"

我们走了十几步，回头一看，咦，八戒怎么还埋头坐在箱子上？

"想耍赖！"悟空转身向八戒走去。

我们也跟了过去，准备安慰一下八戒，让他别那么难受。

"愿赌服输！做人应该这样！"悟空手指八戒的脑袋说。

八戒没有言语，依然埋着头，呆呆地看着沙地。

小唐同学一把推开悟空，俯下身扶住八戒的肩膀说："八戒八戒你怎么了？你变傻了？"

"你才变傻了呢！"八戒推了小唐同学一把。

小唐同学被八戒这么一推，没稳住，一屁股坐在了地上。他霍地站起来，使劲拍拍屁股："别以为装傻就能躲过挑担子，休想！"

"谁装傻了？请不要打扰我思考！"八戒说。

思考？什么意思？难道八戒以为思考一下就能改变结果？咳，你还别说，八戒就是这么想的。

八戒突然大叫一声："有了！这次抓阄儿不算数！"

"大白天的说什么笑话。"小唐同学瞥了八戒一眼。

"你们听我说！"八戒噌的一下站了起来，"这次抓阄儿是不公平的，你们看……"

"打住打住！八戒，你说抓阄儿不公平，那就是说我这个裁判没当好喽？"

　　"寒老师，你别急，听我说！"八戒一摆手，"你们看，4个小纸团，其中一个写着'挑'，那么这说明，第一个抓的人，他抓到'挑'的可能性只有四分之一。"

　　"没错！"

　　"寒老师你别打岔，等我说完。第二个人，也就是悟空去抓的时候，还剩下3个纸团，那么他抓中的可能性是三分之一。沙沙同学抓的时候，还剩下2个纸团，所以他抓中的可能性是二分之一。我是最后一个抓的，只剩下1个纸团了，那么抓中的可能性就是百分之百了！所以，这次抓阄儿不公平，得重来！我们应该不分先后，同时一起抓。"

　　"啊！"小唐同学一听，忍不住叫出声来。

　　悟空拍拍脑袋："咦，这是怎么回事？"

　　沙沙同学说："好吧，八戒也连续挑两天担子了，咱们就重新抓阄儿吧。"

　　"什么叫我也连续挑两天担子了？你这是同情我吗？"八戒开始急了，"我愿赌服输。但这次是寒老师这个裁判没当好，不公平！"

　　唐猴沙不约而同地看向我。

　　"本来，我想在路上给你们说说抓阄儿的那些事，但现在看来，不说清楚恐怕是上不了路了。"

"这是肯定的！寒老师，你要是不说清楚，咱们就别上路了！"八戒又坐到箱子上，吹着口哨，看着大海。

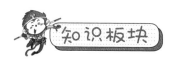

什么是概率

上面的故事中，八戒说的有道理吗？

在回答这个问题之前，我们得先来了解一些相关的数学知识。

抓阄儿虽然不是一道数学题，但抓阄儿跟一门数学有很大的关系，这就是概率。

什么是概率？其实日常生活中，同学们已经用到概率了，只是没有意识到而已。比如，你准备出门上学，但是你妈妈却对你说："带上雨伞，今天大概会下雨。"

这里的"大概"就包含概率的意思。还有，每天新闻联播结束后，播放天气预报时，主持人也经常这么说："明天的降雨概率是……"

明天到底下不下雨？这个谁也不敢打包票，我们只能说，明天下雨的可能性有多大。试想一下，如果天气预报的主持人说，明天可能会下雨，那么，肯定会有人生出疑问：既然明天可能会下雨，那么这种可能性到底有多大呢？是下雨的可能性大一些，还是不下雨的可能性大一些？你总得说清楚吧，否则，我怎么知道明天上学要不要带雨伞呢？假如明天是星期六，我还得根据天气情况决定要不要去郊游呢。所以，用一个数值来表示可能性的大小太重要了，而这个数值就是概率。

"0"表示啥也没有的意思，如果我们

用"0"表示一件事不可能发生，用"1"表示一件事必然会发生，那么0和1之间的所有数值，以及0和1，就是概率。

在前面的故事中，我们认识了什么是小数，什么是分数。我们再来回忆一下：

在数轴上，我们标出了0和1的位置，那么在0和1的正中间，用什么数来表示呢？可以用一个小数来表示，这就是0.5。这很好理解，意思是把1平均分成10份，要表示某个数占了其中的5份，就用0.5来表示；如果要表示某个数占了其中的3份，就用0.3来表示。

小数可以写成分数的形式，比如0.5可以写成$\frac{1}{2}$。同学们仔细观察这个分数，它由3部分组成，中间那根横线叫作分数线，分数线上面的数叫作分子，分数线下面的数叫作分母。对于$\frac{1}{2}$这个分数来说，分数线上面的1就是分子，下面的2就是分母。

你瞧，如果把1分成10份，那么0.5这个数就表示占了其中的5份，也就是占了一半。既然这样，那么我们也可以这么说，把1平均分成2份，而0.5就表示占了其中的一半，也就是1份。显然，0.5就是$\frac{1}{2}$。$\frac{1}{2}$读作二分之一，这里的"二分"也就是把某个数平均分成2份的意思，"之一"表示占了其中的1份。

什么是乘法

同学们都知道加法，比如：

$2 + 2 + 2 = 6$，

$2 + 2 + 2 + 2 = 8$。

那么乘法是什么呢？其实，乘法的出现，主要是为了方便人们更迅速地进行加法运算。3个2相加等于6，4个2相加等于8，这对于同学们来说太简单了是不是？但如果别人问你，100个2相加等于多少时，你还是把100个2写出来，再一个个相加，那得多麻烦呀！

数学家想出了解决这个问题的办法，这个办法就是乘法。比如：

$2 + 2 + 2$表示3个2相加，可以写成2×3；

2 + 2 + 2 + 2 表示 4 个 2 相加，可以写成 2×4；

那么，100 个 2 相加就可以写成 2×100。

上面咱们说的是整数的乘法，其实分数也可以做乘法。怎么乘呢？很简单，分数的乘法规则就是分子乘分子，分母乘分母，比如：$\frac{1}{2} \times \frac{1}{2}$，这两个分数相乘，分子乘分子，就是 1×1，表示只有 1 个 1，那肯定就是 1 了。分母乘分母，就是 2×2，表示 2 个 2 相加，那就是 4 了。所以 $\frac{1}{2} \times \frac{1}{2} = \frac{1}{4}$。

先抓阄儿的人一定有优势吗

八戒说，4 个小纸团，其中一个写着"挑"，那么第一个抓的人，也就是小唐同学抓到"挑"的可能性只有 $\frac{1}{4}$。第二个人，也就是悟空去抓的时候，还剩下 3 个纸团，那么他抓中的可能性是 $\frac{1}{3}$。沙沙同学抓的时候，还剩下 2 个纸团，所以他抓中的可能性是 $\frac{1}{2}$。八戒是最后一个抓的，只剩下

1个纸团了，那么抓中的可能性就是百分之百了！所以，这次抓阄儿不公平，得重来！大家要不分先后，同时一起抓！

八戒的说法犯了一个错误，悟空第二个去抓，他抓的时候确实只有3个纸团，如果小唐同学没抓中，那么悟空抓中的可能性是 $\frac{1}{3}$，这没错。但是可别忘了，剩下的这3个纸团只占到之前4个纸团的 $\frac{3}{4}$ 呀，所以，悟空抓到的概率应该是 $\frac{3}{4} \times \frac{1}{3} = \frac{3}{12}$，简化后是 $\frac{1}{4}$。所以悟空抓到的可能性还是 $\frac{1}{4}$。

同理，沙沙同学去抓的时候，还剩下2个纸团，但是这2个纸团只占到之前4个纸团的一半，也就是 $\frac{1}{2}$，所以他抓到的概率是 $\frac{1}{2} \times \frac{1}{2} = \frac{1}{4}$，依然是 $\frac{1}{4}$。八戒呢，他抓的时候，还剩下1个纸团，这个纸团占4个纸团的 $\frac{1}{4}$，虽然只剩下1个纸团可抓，但他抓到的可能性是 $\frac{1}{4} \times 1 = \frac{1}{4}$，仍然是 $\frac{1}{4}$。

你瞧，先抓阄儿的人并没有占任何优势，因为大家抓到的可能性，也就是概率，都是一样的。

寻找希帕索斯

　　小唐同学、悟空和沙沙同学重新眉开眼笑。唯有八戒，他叹了一口气后，弯腰挑起了沉重的担子，大声说："那就走吧！"

　　于是，我们转身离开海边，来到城市的街道上。这里人来人往，人们都穿着长长的大褂子。

　　"请问，你认识希帕索斯吗？"悟空抓住一个从我们身边走过的人问。

　　那人一看悟空，立马挣脱了悟空的手，吓得一溜烟跑了。

　　"奇怪！"悟空纳闷儿起来。

　　"奇什么怪！"八戒说，"也许人家把你当成妖怪了！还是让师父去打听吧！"

　　"你再说一遍！"悟空说着就向八戒冲去，却被小唐同学用扇子拦住了。

"站住!"小唐同学说,"八戒说得对,这种情况下我再不出马,要我何用?"

说完,小唐同学转身,眼睛一扫,锁定一个路人。他走过去,面带微笑,轻声问:"请问,您认识希帕索斯吗?"

那人用惊恐的眼神望了小唐同学一眼,摇了摇头,然后快速跑开了。

"瞧,师父也不行。"悟空说。

小唐同学郁闷了,好不容易有一次出马的机会,结果还没成功。他叹了一口气:"唉,希帕索斯的名气太小了,没人认识他。"

我们一路打听,逢人就问,但还是找不到希帕索斯。于是,我们决定找一家客栈(zhàn)歇歇脚。

拐了几条街道,我们找到了一家客栈。客栈的主人是一位老爷爷,他鼻梁高挺,胡子很长,一脸的慈祥。我们走进客栈时,他正坐在凳子上休息。

"你们这是要住宿吗?"老爷爷从凳子上站起来问。

"是的,老爷爷,今晚我们想在这里住宿。"沙沙同学有礼貌地说,"虽然现在是下午,但我们想在这里歇歇脚。"

"欢迎你们!呵呵,你们是外地人吧?来克罗顿做什么呢?"老爷爷笑着问我们。

"别提了，我们是来找希帕索斯的，但到现在都没有找到。"小唐同学说。

　　"希帕索斯？"老爷爷忽然惊讶地望着我们，接着，他走到门口，探出头往门外左右看了看，然后关上了门。

　　"老爷爷，你想干什么？"小唐同学一看老爷爷关上了门，立马心慌了。

　　"别怕！"老爷爷说，"走，咱们到楼上说话。"

　　说完，老爷爷带着我们来到了二楼的一个房间，这里的窗户临街，视线极好，还可以看见前方碧蓝的大海。

　　老爷爷给我们每人倒了一杯水，然后坐下来严肃地说："我看你们是外地人，才给你们说的。知道吗？最近希帕索斯的处境非常危险，因为他引发了一次数学危机，整个克罗顿的人都知道。"

　　"数学危机？什么意思？"八戒歪着脑袋问。

　　"毕达哥拉斯这个人你们知道吗？"老爷爷问我们。

　　"知道呀！"小唐同学抢答道，"他就是那个认为宇宙中所有的数都可以用整数和分数来表示的人。"

"正确！"老爷爷说，"但你们知道吗？希帕索斯发现了一种数，这种数既不是整数，也不是分数，这种奇怪的数破坏了毕达哥拉斯提出的数学理论。当毕达哥拉斯知道这种怪数的存在时，大为震惊，他害怕外面的人知道这种怪数的存在，就要求他的学生保密，说谁要是向外泄露了这种怪数，就要严厉地惩罚他。然而，怪数的秘密不知怎的被泄露出去了，毕达哥拉斯正在派人追查泄密者。很多人怀疑是希帕索斯泄露出去的，所以希帕索斯的处境十分危险。"

　　八戒说："老爷爷，你说的那种怪数我知道，就是无理数。我们找希帕索斯，就是想知道他是如何发现无理数的。你能告诉我们，他住在哪里吗？"

　　"这个……"老爷爷犹豫起来。

　　"求你了，老爷爷。"小唐同学恳求道。

　　"我确实知道他住在哪里，因为他是我的朋友。但是你们得发誓，他告诉你们他发现无理数的过程后，你们必须迅速离开克罗顿，永远不要再回来，否则，你们会有危险的。"

　　"老爷爷，我们一定遵守诺言！"悟空说。

　　"好！"老爷爷"好"字刚出口，却又犹豫起来，"唉，也许你们去了也没用，真的，因为你们可能听不懂他说的东西。所以，我劝你们……还是别去了。"

　　"我们肯定能听得懂！"八戒说。

"是吗？那你们知道毕达哥拉斯定理吗？"老爷爷问道。

"毕达哥拉斯定理？"八戒疑惑地望着我，悟空、沙沙同学、小唐同学也都望着我，显然，他们没有听说过这个定理。

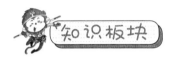

毕达哥拉斯定理

要了解毕达哥拉斯定理，我们得先来认识一种有趣的几何图形。请看下图：

很多同学一看到这个图形，马上会说：这不就是三角形吗？

正确！这个三角形有3条边，那么每条边的长度是多长呢？

哟，这个谁知道呀，又没有拿尺子去量。

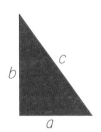

甭管3条边有多长，咱们暂时先用3个字母来代替它们，就像左图这样：

瞧，三角形是由3条边围起来的，我们分别用a、b、

c 代表 3 条边。在我国古代，人们把 a 叫作勾，b 叫作股，c 叫作弦。

这个三角形有什么特点？其实很容易发现，b 边和 a 边是垂直的。所以，我们又把这种特殊的三角形叫作直角三角形。

知道了直角三角形后，我们就能知道毕达哥拉斯定理了。这个定理说的是，在直角三角形中，$a \times a + b \times b = c \times c$。

两个相同的数相乘，比如 3×3，在数学上一般这样写：3^2，读作 3 的平方。如果是两个 4 相乘，也就是 4×4，可以写成 4^2，读作 4 的平方。右上角的那个小 2，表示两个同样的数相乘的意思。

所以 $a \times a + b \times b = c \times c$ 这个式子通常写成这种形式：$a^2 + b^2 = c^2$。

同学们可以亲自验证一下这个定理：找 3 根长条，如果其中一根长 3 厘米，另一根长 4 厘米，第三根长 5 厘米，那么这 3 根长条组成的三角形一定就像上面的三角形一样，是直角三角形。为什么？因为：

$3^2 = 3 \times 3 = 3 + 3 + 3 = 9$,

$4^2 = 4 \times 4 = 4 + 4 + 4 + 4 = 16$,

$5^2 = 5 \times 5 = 5 + 5 + 5 + 5 + 5 = 25$,

而 9 + 16 = 25，

所以 $3^2 + 4^2 = 5^2$。

其实，直角三角形中隐藏的这个规律，我国古人早就发现了。我国古书《周髀（bì）算经》中记载，大约公元前1000年，周公与商高对话，商高就说出了直角三角形中的这个特殊的规律。因为我国古人把直角三角形的3条边分别叫作勾、股、弦。因此，在我国，我们通常不说毕达哥拉斯定理，而叫它勾股定理。

那么，为什么别的国家称这个定理为毕达哥拉斯定理呢？这是因为，毕达哥拉斯证明了在直角三角形中，为什么会有 $a^2 + b^2 = c^2$ 这样的规律。

在数学上，发现了某个规律只是第一步，而更重要的一步是去证明这个规律。传说，毕达哥拉斯证明了直角三角形中有这样的规律后，非常激动，他和他的追随者杀了100头牛来庆祝，所以，人们也把毕达哥拉斯定理叫作百牛定理。然而，据考证，毕达哥拉斯是个素食主义者，他不吃肉，怎么可能去杀牛呢？所以这个传说还有待历史学家进一步去考证。

从猜想到证明

听完我对毕达哥拉斯定理的讲述后，唐猴沙猪意犹未尽。

"不管毕达哥拉斯是不是杀了100头牛来庆祝，但是，他当时很激动，这肯定是没错的。"八戒说，"不过，我就纳闷儿了，不就是证明了一个数学定理，至于那么激动吗？"

"你们有所不知，一个数学定理，在没有证明它之前，我们只能说它是一个猜想。一个猜想，可能是放之四海而皆准的真理，也可能是错的。所以，'证明'在数学上非常重要。有的数学定理，为了证明它，一代一代的数学家花费了大量的时间。有的猜想从提出来到得到证明，甚至耗费了好几百年的时间呢。为了鼓励人们去证明一些数学猜想，有的组织还拿出数额不菲的奖金，比如好几百万元，去奖励那些证明猜想的人。"

"好几百万元！天哪！"八戒惊叫起来，"这样的好事还有吗？"

"还有啊，比如美国的克雷数学研究所在2000年5月24日公布了7个数学猜想，只要能证明出其中的一个，就可以获得100万美元的奖励。这7个猜想，现在有一个已经被证明出来了，还剩下6个呢！"

小唐同学一听，拍手叫道："啊！太好了！我现在学习数学的兴趣更浓了。"

"财迷！"八戒说。

"难道你不是财迷？"小唐同学反驳道。

八戒说："我不是！"

"怎么证明呢？"小唐同学追问。

"我……"八戒哑巴了。

沉思了半天后，八戒忽然说："寒老师，你能教我们怎么去证明一个数学猜想吗？"

"当然可以呀。作为练习，你们可以把勾股定理再证明一遍。哦，对了，明天这担子还不知道谁来挑呢。这样吧，你们最后谁没有证明出勾股定理来，明天的担子就由谁来挑。"

"啊？！"唐猴沙猪异口同声地惊叫起来。

"寒老师，我们可是连小学都没上过呢，"小唐同学站起来说，"你却叫我们去证明勾股定理！"

"你别急，我会给你们一些提示的。"

"呵呵呵……"旁边的老爷爷笑了，慈祥地说，"你们只要能把毕达哥拉斯定理，哦，也就是你们说的勾股定理证明出来，今天的晚饭我给你们做好吃的，还免费，住

宿也免费！"

　　"太好了！谢谢老爷爷！大家开始吧。"

　　唐猴沙猪面面相觑（qù），接着又一致看向我。最后，八戒问："寒老师，你的提示呢？"

　　"正方形你们知道吗？"

　　"知道呀，就是4条边相等，方方正正的一个几何图形。"沙沙同学说，"然后呢？"

　　"没错，如右图。"我画了一个正方形，"这是一个正方形，它的4条边都一样长，咱们可以用字母 a 来代替各条边的长度。

"无论古代还是现在，或者是未来，知道某地方的大小，也就是面积，是一件非常重要的事。比如，你家房子有多大（需要按面积交物业管理费等），你学校的礼堂是多大（决定多少学生可以到礼堂听讲座），等等。所以，我们得知道怎么计算一些几何图形的面积。正方形的面积怎么计算呢？直接用正方形一条边的长度乘以另一条边的长度就可以了。比如上面的正方形，它的面积就是 $a \times a$，还可以写成 a^2。咱们举一个例子，假如你的卧室是一个正方形，每条边长 3 米，那么你卧室的面积就是 $3 \times 3 = 3^2 = 9$（平方米）。好啦，提示结束！"

　　"啊？寒老师，这就是你的提示？"小唐同学愁眉苦脸。

　　"你要开动脑筋，不要总是担心害怕。"

　　八戒闭上眼睛，已经开始思考了。而悟空和沙沙同学则你看着我，我看着你。

　　过了一会儿，八戒突然说："哎，我有点儿思路了。如果正方形的边长是 a，那么它的面积就是 a^2。直角三角形中存在这样的关系：$a^2 + b^2 = c^2$。既然 a^2 可以是一个正方形的面积，那么 b^2 也可以是另一个正方形的面积，而 c^2 肯定又是一个更大的正方形的面积，只要证明出两个小正方形的面积加起来等于另一个更大的正方形的面积，也就证明了 $a^2 + b^2 = c^2$ 了，是不是寒老师？"

"正确！八戒果然聪明！"

"太好了！老爷爷，请快点儿给我一支笔和一张纸！"八戒激动地说。

"我也要我也要！"唐猴沙纷纷伸出手。

老爷爷给他们拿来纸和笔。老爷爷拿来的纸叫纸莎草纸，是用一种叫纸莎草的植物的茎制成的。古希腊时期还没有像现在这样的纸，纸莎草纸是从古埃及传入古希腊的。唐猴沙猪趴在桌子上，开始画起图来。

半小时后，大家谁也没有证明出来。小唐同学直起腰，捶了捶背，唉声叹气道："唉，这题目太难了。"

"呵呵，对于你来说，恐怕只有脑筋急转弯不难。"八戒抬头嘲讽了小唐同学一句，然后又埋头奋力演算起来。

"你说什么？"小唐同学冲过去，但他没有揍八戒，而是盯着八戒的纸看。

"不准偷看！"八戒赶忙用手盖住了自己的纸。

"谁稀罕！"小唐同学推了一下八戒的头，回到了自己的座位上，开始在自己的纸上画图。

又过去半小时，天快黑了，老爷爷已经把香喷喷的饭菜做好，端上桌了。

大家扭头看了看桌上的饭菜，咽了咽口水。

"别看，谁证明出来了，谁就可以吃饭。"

八戒看了看我，又咽了一大口口水，然后埋头迅速计算起来。

10分钟后，悟空忽然大叫一声："天哪！我竟然证明出来了！这真是不可思议！"

唐沙猪一听，纷纷抬起头，睁着大眼睛盯着悟空，露出羡慕的表情。

"太好了，悟空，你过来给我和老爷爷讲讲。"

悟空听后，又蹦又跳地跟我们走到房子的一角，他指着自己的纸，小声给我们说了说他的证明过程。

老爷爷一听，激动得半天说不出话来，他两手抓住悟空的肩膀前后晃了又晃，大声说："你的证明太巧妙了！"

唐沙猪一直看向悟空的方向，听说他的证明是对的后，又看了看桌上的菜，禁不住都喉结一动。

"悟空，来，咱们上桌吃饭！"

"好的！哈哈！"悟空内心激动，一下蹦到桌子旁，双脚蹲在凳子上，大吃起来。

小唐同学呆呆地看着悟空，问："悟空，你真的是按照八戒说的那个思路证明出来的？"

悟空边吃边回答："是的！还别说，八戒的思路超棒！"

"哦——"小唐同学又开始埋头画起来。

5分钟后，八戒大喊一声："我做出来了！我可以吃饭了！"

悟空把八戒叫到房子的一角，然后八戒小声给悟空说了他的证明过程。说完后，两人兴奋地击了一下掌，悟空说："跟我的一样！"

这一次，小唐同学再也没有看他们，而是埋头画呀画呀，写呀

写呀。几分钟后，他也证明出来了。

沙沙同学抬起头，可怜巴巴地看着小唐同学满屋子兴奋地大叫，一脸郁闷："我就纳闷儿了，你们到底是怎么证明出来的？"

"别坐在那儿了，快上桌吃饭吧！"老爷爷对沙沙同学说。

沙沙同学站起身，慢慢走到饭桌前，闷闷地吃了起来。他吃得很慢很慢，就好像肚子不饿一样。显然，他满脑子想的还是怎么证明勾股定理。

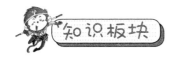

怎么证明勾股定理

在直角三角形中，存在着 $a^2 + b^2 = c^2$ 这样的规律，我们之前已经用 3，4，5 这 3 个数验证了这个规律。即 3，4，5 这 3 个数满足 $3^2 + 4^2 = 5^2$，以它们为 3 条边的三角形也的确就是直角三角形。

那么，这是不是一个巧合？是不是任何 3 个数，只要它们满足两个数的平方和等于第三个数的平方，那么这3个数作为三角形的边长，组成的三角形就一定是直角三角形呢？

实际上，在我们没有证明这个规律之前，谁也不敢给出肯定的答案。3，4，5这3个数符合规律，但不代表其他数也符合规律。数有无穷多，我们没办法一个数一个数地去检验，唯一的办法就是用数学方法去证明它。那么，怎么证明呢？其实不难。如图，我们画一个大正方形。

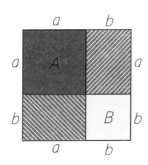

我们在这个大正方形里面的左上角和右下角，又分别画出两个小正方形，左上角的小正方形为A，它的边长是a；右下角的小正方形为B，它的边长是b。

大正方形里面除了A和B这两个小正方形之外，还剩下两个阴影部分，它们分别是两个长方形，而且它们的大小是一样的。为什么呢？因为它们的长和宽都是a和b。

接着呢，我们在两个长方形里面各画一条对角线，用小写的 c 来表示对角线的长度（如右图）。再仔细观察，画上对角线之后，

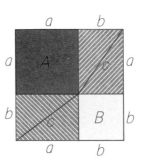

两个长方形就变成了4个直角三角形，而且，这4个直角三角形的大小也是完全一样的。

同学们注意了，下面我们要进行很关键的一步：乾坤大挪移！

我们把原来的图形变成了下图的样子。看见变化了吗？仔细观察你会发现，原来，这个图只是把4个直角三角形挪到了4个角落而已。那么，之前的那两个小正方形 A 和 B 呢？它们跑到哪儿去了？还能跑哪儿去呀，它们被挤到中间去，混在了一起，共同组成了一个更大的正方形，我们用大写的 C 来表示。那么，正方形 C 的面积是多少呢？显然，它的面积等于之前的那两个小正方形的面积和，也就是 A 的面

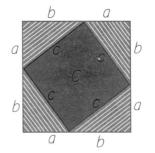

积＋B 的面积＝C 的面积，我们简写成：
$A + B = C$。

正方形 A 的边长是 a，所以 A 的面积
是 a^2；

正方形 B 的边长是 b，所以 B 的面积
是 b^2；

正方形 C 的边长是 c，所以 C 的面积
是 c^2。

因为 $A + B = C$，所以 $a^2 + b^2 = c^2$。
这就证明了任意一个直角三角形，它的 3
条边存在着 $a^2 + b^2 = c^2$ 的关系。

瞧，我们已经证明完毕。这下我们可
以肯定地说，宇宙中所有的直角三角形，
一定存在着像上面那样的规律。真好，猜
想终于变成了定理，这就是勾股定理，或
者叫它毕达哥拉斯定理。

晚饭吃完了，虽然沙沙同学没有证明出勾股定理来，
明天得挑一天的担子，但是，由于他终于知道了怎么证明

勾股定理，心里还是很满足的。

"这真是太巧妙了，我怎么就没有想到呢？"沙沙同学挠挠头说，"数学真好玩。"

老爷爷之前还担心我们听不懂希帕索斯的数学理论，可是现在，大家不但知道了毕达哥拉斯定理，而且还成功地证明了它，所以，老爷爷对我们充满信心。油灯下，老爷爷一脸喜气，笑呵呵地说："今晚，你们就美美地睡一个好觉，明天太阳一出头，我就带你们去见我的老朋友希帕索斯。"

第二天一早，我们起床后，发现老爷爷已经把早餐做好了。这让我们很不好意思，白吃白住不说，还没有出力气。唉，只怪我们一路辛苦，睡得太沉了，否则，不管怎样，我们得起床帮老爷爷干点儿活才是。

吃完早餐，迎着朝霞，我们出发了。沙沙同学挑着担子，老爷爷迈着矫健的步伐在前面引路。

我们往东走，穿过街道，来到一座小山旁。这里有一个院子，院子里长

着一些小树，还有一座石头砌成的房子。

"你们在这里等着。"老爷爷对我们说，"我先去跟希帕索斯说一声。"

说完，老爷爷进入院子，推开了屋门。过了一会儿，老爷爷出来了，带着一脸的失望。

"唉！"老爷爷叹了一口气，"我这个老朋友对数学非常痴迷，研究起数学来就什么人都不想见。这不，他把我赶出来了。"

"我有个办法。"悟空说，"老爷爷，你去转告他，就说我们用一种新方法证明了毕达哥拉斯定理，也许，他会感兴趣的。"

"对呀！这招肯定好使！"老爷爷说着，转身又进去了。果然，不到一分钟，老爷爷推开门，向我们招手，让我们进去。

"你们真的用新方法证明了毕达哥拉斯定理？"刚进屋，一个头发又乱又卷、满脸胡子的中年人兴奋地向我们问道。显然，他就是希帕索斯。悟空当时是用火眼金睛才发现无理数的，所以我们之前认为，发现无理数的希帕索斯应该是仙风道骨，长得像神仙一样，现在看来不是。

小唐同学骄傲地说："难道你不请我们坐下，就让我们站着吗？"

"对呀对呀！快请坐！" 希帕索斯不好意思地说。

老爷爷没有坐下，因为他还要回去照看客栈，所以就跟我们告别了。临走时，老爷爷告诫我们，等希帕索斯告诉我们他发现无理数的过程后，就赶紧离开这里，再也不要回来，否则会有危险的。

小唐同学自告奋勇，争着把证明毕达哥拉斯定理的过程给希帕索斯说了一遍。

"太巧妙了！"希帕索斯听后，激动得在屋里走来走去，一边走一边对我们竖起大拇指，"你们真厉害！"

"咳，在我们眼里，你更厉害！你居然凭肉眼就发现了无理数。"悟空说，"快给我们说说，你是怎么发现无理数的？"

"是呀，我们都等不及了！"八戒附和道。

"好好好，你们到桌子前面来。"希帕索斯说着，把桌子收拾了一下，在上面铺了一张纸，他拿起笔，开始画了起来。我们凑到桌子旁聚精会神地看着。

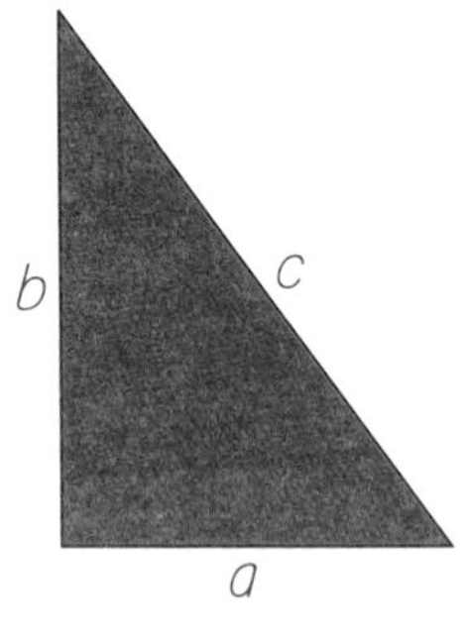

"你们看，这是一个常见的直角三角形（如右图）。根据毕达哥拉斯定理，$a^2 + b^2 = c^2$，这一点想必你们已经很熟悉了，是不是？"希帕索斯抬头望着我们。

"太熟悉了！你快往下说。"八戒催促道。

"在这个三角形中，显而易见，b 边的长度大于 a 边的长度。其实，b 也可以等于 a，就像这个图（如右图）。因为 $b = a$，所以 $a^2 + a^2 = c^2$，你们说是不是？"

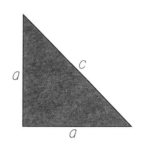

"这是肯定的！"沙沙同学盯着纸，头也不抬地说。

"好啦，如果 a 等于 1，那么 c 等于多少呢？"希帕索斯放下笔，看着我们。

"我知道！"八戒拿起笔，在纸上写了起来，"你们看，因为 $b = a$，那么毕达哥拉斯定理可以写成 $a^2 + a^2 = c^2$。又因为 $a = 1$，所以这个式子就可以写成 $1^2 + 1^2 = c^2$，1 的平方等于……对了，1^2 其实就是 1×1，表示只有 1 个 1，那肯定还是 1 了，所以 $1^2 + 1^2 = c^2$ 就是 $1 + 1 = c^2$，也就是 $2 = c^2$。那么 c 等于……等于……等于……"

此刻的八戒就像一个复读机，嘴里没完没了地重复着"等于"这个词。

"我知道！"悟空看到八戒陷入困境后，说，"其实就是 $c \times c$，所以 $2 = c \times c$，那么 c 等于……等于……等于……"此刻的悟空也成了复读机。

悟空抓破脑袋还是不知道 c 等于多少。唐猴沙猪一起看向我，希望我能给他们一些提示。

"你们可以这么想，如果 $4 = c^2$，那么 c 等于多少？如果 $9 = c^2$，那么 c 等于多少？"

"寒老师，我知道。"沙沙同学抢着说，"4 等于 2 个 2 相加，即 $4 = 2 + 2 = 2 \times 2 = 2^2$，所以，如果 $4 = c^2$ 的话，那么 c 就是 2。同理，$9 = 3 + 3 + 3$，也就是 3 个 3 相加，用乘法来表示就是 3×3，而 3×3 可以写成 3^2。所以，如果 $9 = 3 \times 3 = 3^2 = c^2$，那么 c 必然就是 3 啦！"

"然后呢？"小唐同学追问。

"然后就是 $2 = c^2 = c \times c$，那么 c 等于……等于……等于……"沙沙同学也陷入了困境。他抬头郁闷地说："寒老师，搞了半天，你啥也没提示呀！"

"我提示了。你们再想想，2 乘以 2 等于 4，3 乘以 3 等于 9，那么什么数自己乘以自己等于 2 呢？这就是问题的关键。"

"对！"小唐同学拍手说，"我有思路了，你们让我想想。"

"别想了！"希帕索斯说，"我都……我都想了好几个月了，真的，你们看我头发这么乱，全是这个数闹的。到现在，我仍然不知道怎么去表示这个数……"

"希帕索斯说得没错，这个数用他知道的数学知识确实难以表示，所以，我们只能用另一种方式来表示它。"

"什么方式？"八戒问。

"$\sqrt{\ }$这个符号你们眼熟吗？"

"咦，上次咱们见到无理数大王时，他好像戴着这么一个形状的帽子，寒老师你说是不是？"沙沙同学说。

"还是沙沙同学记性好。这个符号读作根号。既然我们没法写出那个自己乘以自己等于2的数，就用$\sqrt{2}$来表示它好了，两个$\sqrt{2}$相乘就等于2。"

"这真是一个奇怪的数！但它到底是个什么性质的数呢？"悟空还是不满足。

"它就是希帕索斯发现的无理数呀！"

悟空纳闷儿了："可是，寒老师，无理数之前咱们见过呀，不是这样的。我还记得，我发现的第一个无理数是1.4142135624…后面的数字永远没完，而且没有规律，这才是无理数呀。"

"没错！悟空，你的记性真是太好了！现在请你办一件事，把你在数王国里发现的第一个无理数完整地写出来。"

"怎么可能！我就是写一万年也写不出来，因为它后面的数字没完没了。"悟空抱怨道。

"瞧，你也承认了，就是写一万年也没办法把一个无理数完整地写出来。那么，咱们总不能就让它这样，总得用一个方法简洁地表示它吧。所以，人们就用$\sqrt{2}$来表示希帕索斯发现的那个无理数。"

"原来是这样！"悟空说，"我终于明白希帕索斯是怎么发现无理数的了。"

"我也明白了！"沙沙同学也高兴地说，"希帕索斯，真没想到，你竟然通过一个几何图形发现了无理数。"

"哈哈，数跟几何本来就不分家嘛。"希帕索斯说，"对了，刚才你们说什么无理数大王，他是谁？"

八戒拍了一下头说："咳，你不说我们还差点儿忘了。他呀，是我们在另一个地方见到的一个神仙。他说，无理数本来就存在于这个世界上，但是呢，你是第一个发现无理数的人，你是一个了不起的人。他让我们转达他对你的问候！"

"哈哈哈……你这么说我真高兴。"希帕索斯高兴地大笑起来，"没想到，还有人这么懂我，死而无憾也！"

"大白天的，别说什么死不死的。"沙沙同学说，"我看你身体好着呢！"

"你们不知道,唉——"希帕索斯走到椅子边坐下，抬头望着我们，一脸的忧伤，"我一直追随毕达哥拉斯，

跟他学习数学，研究数学。但这个我无比崇敬的人却死活不承认无理数的存在，并且下令，谁要是向民众泄露这种奇怪的数，就要处死谁。"

"他敢！"悟空捶了一下桌子。

"现在，这种奇怪的数大街上人人都知道了。毕达哥拉斯正在追查是谁泄露的。"希帕索斯低着头轻声说，"而现在，我还是违背了毕达哥拉斯的命令，把发现无理数的过程又泄露给你们了。"

八戒信誓旦旦地说："甭担心！有我们在，毕达哥拉斯绝对伤害不了你！"

希帕索斯看着八戒，笑了一下。

正说着，客栈的老爷爷突然回来了。他一进门就问："说完了吗？"

希帕索斯说："说完了。"

"那好！"老爷爷转向我们，"你们马上离开这儿！"

"不，我们要留下来保护希帕索斯！"悟空说。

"还记得你们的誓言吗？"老爷爷反问道。

"记得。"悟空低下了头，"希帕索斯告诉我们他发现无理数的过程后，我们必须迅速离开克罗顿这座城市，永远不要再回来，否则会有危险的。"

"记得就好，那你们快走吧。我们还有别的事要办。"

老爷爷说。

　　"你们要干什么？"八戒问。

　　"我准备让希帕索斯乘船到另一个地方去躲一躲。"

　　"这样也好。"悟空说，"那咱们走吧。"

　　说完，我们与老爷爷和希帕索斯告别，然后，在一个没有人能看见的地方，再次穿越，回到了当初烤土豆的地方。

等腰三角形

　　三角形中，如果3条边里面有两条边相等，这样的三角形就叫作等腰三角形。

　　下图就是一个等腰三角形。

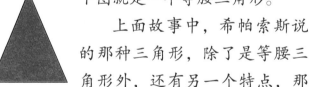

　　上面故事中，希帕索斯说的那种三角形，除了是等腰三角形外，还有另一个特点，那就是相等的两条边是互相垂直的（如右图）。所以，这样的三角形我们又把它叫作等腰直角三角形。

妙解过河难题

天空灰蒙蒙的，太阳躲在乌云的后面，一直没有露脸。我们怕下雨，就赶紧上路了。

大家默默不语，心里都在惦记着刚刚与我们告别的希帕索斯，还有客栈的老爷爷。

走着走着，挑着担子的沙沙同学突然问："寒老师，希帕索斯后来怎么样了？"

"很不幸，根据史书记载，希帕索斯被害了，被人丢进大海里，淹死了。"

"啊！"八戒惊叫起来。

"唉！"悟空惋惜道，"分别时，老爷爷还说让希帕索斯乘船去避难。我们真的应该留下来，好好保护他。"

"我现在好懊悔！"沙沙同学说。

"希帕索斯因为发现无理数而被淹死，这是历史。我们是无法改变历史的，所以大家别自责了。"

话虽这么说，但是，大家的心情还是跟这乌云密布的天空一样，阴沉沉的。我们谁都不说话，就这么一直往西走。快到傍晚的时候，我们来到了一条河边。这条河南北走向，有几十米宽，河面水波荡漾。怎么过去呢？

八戒走到沙沙同学旁边，坐在箱子上，看了一眼不停擦汗的沙沙同学，说："直接脱光衣服游过去不就得了，反正我们现在热得很。"

悟空说："呆子，我们脱光衣服游到对岸后，那衣服怎么办？况且，师父不会游泳。"

八戒无言以对。他走到岸边，俯下身，用手捧了一些河水洗了洗脸。

小唐同学扇着扇子说："也许这条河上有桥，咱们沿河往北走走，也许能找到。"

还能怎么办呢？只有这样了。

我们往北走了两里路，没看到桥，却看到了一条小船，岸上还有一个大伯。我们高兴极了，希望大伯能帮我们一把，把我们渡过河去。

一路小跑，我们来到了大伯的旁边，仔细一看，大伯身旁还有一堆白菜、一只咩咩叫的小羊和一只凶猛的狗。这只狗趴在大伯身边，凶巴巴地看着我们。

"哎呀，大伯。"小唐同学笑呵呵地说，"这只狗养得真好，看上去好威猛。"

"这哪是狗呀，这是狼！"大伯转头看了小唐同学一眼，回了一句话。之后，他又继续盯着河对岸，就好像那里有什么宝贝似的。

　　"狼？！"小唐同学惊叫了一声，扇子停在了半空中，接着嗖的一下藏到了悟空身后。

　　"放心吧，只要有我在，这只狼就乖得很。"大伯看着河对岸，头也不回地说。

　　悟空问："大伯，你为什么一直看着河对岸？"

　　"因为我想到河对岸去。"大伯说。

　　"哈哈哈……"唐猴沙猪忍不住大笑起来。

八戒笑着说："大伯，你有小船，到河对岸那还不是小事一桩？"

大伯回过头，不屑地说："你说得好轻巧。我的小船一次只能带一样东西过河，如果我带狼先过河，那么小羊就会趁我没在的时候吃掉白菜；如果我先把白菜运过去，那么，狼就会趁我不在的时候吃掉小羊。"

"这还不简单。"小唐同学的自信又来了，扇子扇得呼呼作响，"你先带羊过河，狼不吃白菜，想必大伯应该是知道的。"

"呵呵呵……"大伯笑了起来，"然后呢，我再回过头把狼或者白菜运过去？假如我带狼过去，那么当我再回来运白菜时，小羊就被狼吃掉了；假如我先运白菜过去，那么我回来带狼时，河对岸的白菜就没有了。"

小唐同学一听，顿时哑口无言。

"你们别以为我很笨，"大伯又补充了一句，"我也是上过小学的好不好？"

搞了半天，大伯之所以没有过河，原来是被这个问题难住了。我们仔细打听后才知道，大伯在这里已经待了两个多小时，为了想出一个过河的方案，他一直在这里苦苦思索。难怪他心情不怎么好。

八戒说："大伯，你别想了，我们来帮你。你先把狼带过去，剩下的羊和白菜，我们帮你看着。然后，你再回来把白菜运过去。"

大伯说："看到你们过来的那一刻，我也是这么想的。但是，转念一想，我以后没准还会遇到这种难题，到时候可没人帮我了，所以，我决定想出一个完美的解决方案。"

"大伯真是一个不怕困难、喜欢钻研难题的人。唐猴沙猪，你们也想想，谁要是想不出办法来，明天这担子就由谁来挑。"

"啊？"唐猴沙猪异口同声地大叫起来。

大伯一听，脸上露出了笑容："是呀，授人以鱼，不如授人以渔。你们若只是帮我看着羊和白菜，那么，你们只相当于给了我一条鱼，吃掉鱼后我还是会挨饿的。但是，几位若是想出完美的解决办法，那就相当于教会了我钓鱼的方法，我可以永远受益。"

"可是，寒老师，"小唐同学又开始抱怨了，"有些问题是无法解决的。大伯都想了两个多小时了，而且他还上过小学，我们可没有上过……"

"两个多小时算什么呀，不少数学问题，一代一代的数学家可是想了几百年呢！"我打断了小唐同学的话，"不要说了，谁要是想不出来，明天就得挑担子。"

"你们要是想出了解决办法，今晚我做好吃的给你们吃。"大伯在一旁说。

八戒一听说晚上有好吃的，大脑便开始飞速运转起来。

10分钟后，大家都没想出办法来。此时，大家都站累了，统统坐在了地上。

20分钟后，大家还是没想出来。此时的唐猴沙猪，已经是躺在地上了。他们看着天，看着看着，小唐同学睡着了。

又过了一会儿，八戒也睡着了。在八戒鼾声的诱惑下，我也睡着了。

也不知过了多久，沙沙同学大叫了一声："有了！"我们惊醒过来。沙沙同学兴奋地拍着手叫道："太简单了！太简单了！原来是这样！"

"走，沙沙同学，你跟我到一旁说话去。"

沙沙同学跟我来到一个偏僻的地方，他说出了正确的解决办法，真棒！

我们回来后，小唐同学和八戒揉了揉眼睛，盯着沙沙同学。

"真的很简单？"八戒问。

"难者不会，会者不难。"沙沙同学说。

过了一会儿，悟空也大叫起来："我也有了！"果然，悟空也想出来了。现在只剩下八戒和小唐同学了。

5分钟后，八戒领先一步，成功地解决了难题。小唐同学低着头，沮丧极了。

　　"我就搞不懂了，"小唐同学哭丧着脸说，"这事还能有什么解决办法呀？"

　　大伯凑过来，一副请求的表情："快点儿跟我说说，你们到底是怎么解决的？"

　　八戒抢先说："大伯，你先把羊送过河，再回来把白菜运过去，返回的时候再把羊带回来，之后把狼送过河，最后把羊渡到对岸。"

　　"哎呀！"大伯一拍大腿，"我怎么就没想到呢！"

　　"我认输！"小唐同学摇了摇头，"我只想着把东西运到河对岸，却压根儿没想到也可以把东西运回来。"

　　"你和大伯之所以没想出办法来，是因为你们犯了思维定式的毛病。"

　　"思维定式是什么？"大伯看着我，一脸纳闷儿。

思 维 定 式

人们走路的时候，没有谁会去想：我应该怎样迈腿？

但是，对于蹒（pán）跚学步的小孩来说，他们也许会想：我已经迈出了一条腿，接下来应该迈另一条腿了。慢慢地，小孩学会了走路，他以后走路的时候再也不会去想怎么迈腿的问题了，因为走路已成了他的习惯性动作。

同样，我们的思维也会形成习惯，也就是思维定式。看见1+1 ＝？这个算式，我们每个人都会在大脑里默默地运算一遍：1+1=2。到了一个黑暗的屋子里，我们的第一个想法就是打开灯的开关……这些都是我们的思维定式。

思维定式每个人都有。如果给你看两张照片，一张照片上的人英俊、文雅、充满笑容，而另一张照片上的人丑陋、粗俗，看上去很凶恶，然后对你说，这两个人中有一个是杀人犯，请你指出，谁是杀人犯？

试想一下，你会指出谁呢？你肯定会认为面相凶恶的那个人是杀人犯，这就是你的思维定式。

　　在解决一些问题的时候，思维定式常常会给我们带来阻碍。比如，有这样一个问题：

　　一位公安局长在路边同一位老人聊天，这时，跑过来一个小男孩，他急促地对公安局长说："你爸爸和我爸爸吵起来了！"

　　老人问："这孩子是你什么人？"

　　公安局长说："是我儿子。"

　　请你回答：那两个吵架的人和公安局长是什么关系？

　　据说，这个问题，100个被测试的人中只有2个人答对了。后来，把这个问题拿去问一个三口之家，结果，父母没答对，孩子却很快答了出来。孩子说："局长是个女的，吵架的，一个是局长的丈夫，也就是孩子的爸爸；另一个是局长的爸爸，即孩子的外公。"

　　为什么大人没答出来，而小孩却很快回答出来了呢？因为现实生活中绝大多数公安局长都是男的，所以面对上面的问题，大人们想也没想，就已经习惯性地认为公安局长是个男的，因而就难以找到问题的答案。但是小孩不同，他并不知道绝大多数公安局长是男的，也就是说，他没有这个思维定式。

但也不能说思维定式给人们带来的都是坏处，它也有好处，甚至好处还很大呢。日常生活中，思维定式帮我们解决了很多问题，比如，你不用每天去思考怎样握筷子、怎样穿鞋、怎样刷牙……

我们应该注意的是，当面对一个棘手的问题时，提醒自己，别陷入思维定式，要从不同的角度去思考。有这么一个故事，也许它能给我们一些启示。

话说，清朝的时候，湖北省通山县有个叫谭振兆的人，小时候因为家里比较富裕，父亲早早地就给他定了亲，女孩是同村乐进士的女儿。也就是说，乐进士有个女儿，在很小的时候，她就跟谭振兆定了亲，长大后两人会结婚，在一起过日子。可是后来呢，谭振兆的父亲去世了，他们家渐渐贫穷起来。乐进士一看这种情况，就不想再认这门亲事了。

有一天，谭振兆路过乐进士家，进去拜见未来的岳父。乐进士对他说："我做了两个阄儿，一个写着'婚'字，另一个写着'罢'字。你拿到'婚'字，我就把女儿嫁给你；拿到'罢'字，咱们就解除婚约。不过，两个阄儿你只看一个就行了。"说完，乐进士把阄儿摆了出来。

谭振兆心想：这两个阄儿肯定都是"罢"字，我拿哪个都是解除婚约，怎么办呢？

谭振兆开动脑筋想了想，有主意了！他拿起一个阄儿吞入腹中，接着，指着另一个阄儿对乐进士说："你把那个阄儿打开看看，如果是'婚'字，说明我吞下的是'罢'字，我马上就离开，咱们解除婚约；若是'罢'字，那就说明我吞下的是'婚'字，这门亲事算定了。"乐进士煞费苦心制造的骗局被谭振兆识破，没办法只好把女儿嫁给了他。

谁该当国王

借助大伯的小船，我们过了河，还在大伯家吃了香喷喷的晚饭。第二天一早，我们又上路了。我们向西走，身后，太阳露出了红红的脸，我们追着自己长长的影子前进。

小唐同学挑着担子，一个人慢腾腾地走在最后。八戒不时地回头催促："师父，你快点儿，快点儿！"

"急什么呀！"小唐同学擦了擦汗。

"懒得管你了，我们到前面的大树下等你。"八戒说完，扭回头对我们吆喝一声，"走，咱们先走！"

于是，我们几人迈着轻快的步子前进，不到10分钟就来到了一棵大树下。我们一边坐下来休息，一边等小唐同学。

半小时后，小唐同学挑着担子慢悠悠地过来了。咣当一声，小唐同学把箱子砸在地上，解开上衣扣子，一屁股坐到地上，靠着大树，狂扇扇子。

"走吧！"八戒起身，伸伸懒腰。

"八戒，你讲不讲理呀？我这才刚刚坐下来。"小唐同学不高兴地说。

"师父，你睁眼瞧瞧，这棵大树距离大伯家还不到1000

米，可是我们已经休息半小时了。"八戒说。

"我不管。"小唐同学说，"我数学差，我要多看会儿数学书。"

说完，小唐同学起身从箱子里翻出一本书，又坐到树下，靠着大树翻看起来。

"其他的咱们不说，这个爱看书的习惯，猴沙猪你们确实得向小唐同学学习。来来来，你们也看看书，要不，挑着这么重的书有啥用呢？"

猴沙猪望了我一眼后，各自拿了本书看起来……

也不知过了多久，八戒合上书催促道："师父，咱们总不能在这儿看一天的书吧？咱们还要赶路呢！"

小唐同学合上书："八戒，我出道数学题，如果……"

"打住！我不跟你玩脑筋急转弯。"八戒连忙摆手。

"这真的不是脑筋急转弯。"小唐同学急忙解释。

八戒根本不听他的，走开了。

小唐同学转向沙沙："沙沙，我出道数学题，如果……"

"不不不！"沙沙也连忙摆手。

小唐同学又转向悟空："悟空，我出道数学题，如果……"

"今天没心情。"悟空说。

小唐同学发现这招不好使了，很是失望。但他没有死心，眼珠子在骨碌碌地转……

"唉，悟空没心情，其实我也没有心情。"小唐同学站起身，"咱们不如去个好玩的地方，换换心情。"

"去哪里？"悟空问。

"瞧，一个三角形就有这么多有趣的故事，那其他几何图形也一定有故事。"小唐同学说，"要是我们能去趟几何王国，见识一下各种几何图形的厉害，听听它们的故事，那该多好玩呀。不过，就怕悟空能力有限，我们去不了。"

"这有何难？我这就带你们去！"悟空说。

八戒说："去没问题，但是师父，你别想把担子扔在这儿！"

"不会不会，我会挑着的。"小唐同学急忙说。

我们都不知道几何王国是什么样子，大家都很期待，于是一致同意前往。

悟空扫了大家一眼，然后大喊一声："出发！"

之后，我们的世界整个儿又变了，跟以前一样，我们就好像钻入了时空隧道，在一个绚丽的通道里飞速前进。几秒钟后，我们来到了一个新世界。

咦，这里好面熟呀！没有城市，没有村庄，天是淡红色的，海洋是深蓝色的，陆地上，一片广袤的森林。

"这里不就是数王国吗？"八戒说。

"对呀！"悟空头也没回，带着我们一直往前飞，"上次来的时候，你们没有看到，但我通过火眼金晴看到了，这里其实是数学王国，里面除了有数王国之外，还有几何王国呢！"

"悟空说得没错。几何本来就跟数学不分家。数学是一个大王国，在这个大王国里面，估计有好多像有理数王国这样的小王国呢。"

"寒老师，要这么说来，数学王国真是好大呀！"沙沙同学说。

说着说着，悟空带着我们来到了一座浑圆的大山上方，若不是在高空，我们肯定不识这座大山的真面目。这座山就像一口扣在地上的巨大的铁锅，山上的树木稠密无比，看上去黑压压的。

我们看到，山脚下有一些怪物，还有一条上山的路。

"这里应该就是几何王国的入口了，我们下去打探打探。"说完，悟空带着我们俯冲下去……

在怪物的旁边降落后，我们这才看清楚，这些怪物都长着粗壮的腿、有力的胳膊，头很大，呈三角形，下巴是平平的，很宽，而头顶是尖尖的，看上去很锋利的样子。

"站住！"一个三角怪指着我们，"你们来此有何事？"

"我们是来访问几何王国的。"悟空双手抱拳，"烦请你带一下路。"

"不准！快走开！有多远走多远！"那个三角怪凶凶地说。

"就不走开！"悟空吃了闭门羹，生气了。

那个三角怪一听，也怒了，大声命令道："兄弟们，给我顶他们！"

说完，二十几个三角怪齐刷刷地向我们飞来，他们都把尖尖的头对着我们，那情景看上去太可怕了，就好像二十几把利剑向我们飞来。

小唐同学赶紧跑到沙沙身后，吓得两腿发抖。

沙沙同学望向悟空大声喊道："猴哥，咱们逃吧！"

"不！跟他们拼了！"悟空说完，向

三角怪冲去，八戒和沙沙同学也跟着冲了过去。

这下，小唐同学没处躲了，只好退后几步，躲在一棵大树的后面。他歪着头对我喊道："寒老师，快过来！快过来！"

没想到，一个三角怪已经绕到大树后面，正向小唐同学冲去……

"你身后！"我一边大喊，一边指向他的身后。

"妈呀！"小唐同学回头一看，惊叫一声，可是已经来不及跑开了。说时迟那时快，小唐同学急忙蹲下。

三角怪没刺中小唐同学的头，却刺中了大树，只见三角怪一扭头，咔嚓一声，大树断成两截。

悟空听到声音后火速飞了过来，乒乒乓乓，几棍子下去，这个三角怪就被打倒在地。接着，悟空没跟我们说一句话，又飞走了。

"悟空别走！"小唐同学抱着头，蹲在地上喊道。

但悟空没有回头，径直向刚才跟我们说话的那个三角怪飞去。可以看出，他是一个三角怪小头目。悟空飞到那个三角怪身旁，跟他斗了几下就把他制服了。

"叫他们住手！"悟空用金箍棒指着躺在地上的三角怪小头目说。

"别打了！快停下来！"那个三角怪小头目大喊一声。

瞬间，一切都安静了。其他三角怪都停在原地，纷纷看着躺在地上的三角怪小头目。

"你为什么不欢迎我们？"悟空用金箍棒指着那个三角怪小头目的头说。

三角怪小头目一副被打疼的表情："因为几何王国今天……有大事发生……"

"大事？"悟空收起金箍棒，命令道，"你起来说话！"

那个三角怪小头目两手撑地，努力了几次也没站起来，其他三角怪见状，忙过来把他扶了起来。之后，他向我们讲述了几何王国发生的大事——

原来，为了争夺王位，几何王国发生了内战。我们所在的这个地方，也就是这座浑圆的大山，是圆部落的所在地。一直以来，都是圆部落的首领担任几何王国的国王。但是，三角部落不服。所以今天，三角部落的首领率兵围攻圆部落来了。

圆部落不是三角部落的对手，已经被攻陷。为了防止其他部落的军队进来援助圆部落，三角部落的首领派兵在山下把守。

"走！带我们上山去！"悟空押着那个三角怪小头目说。

小唐同学一听，急忙上前拉住悟空："悟空呀，咱们别多管闲事了，这些看门的三角怪都这么厉害，山上的肯定是精兵强将，咱们对付不了的！"

"师父别担心，我自有办法。"悟空说完，就跟着三角怪小头目往山上走去。我们也跟了上去。

一路上，我们看到无数三角怪用凶恶的眼神看着我们，要不是那个三角怪小头目在我们手里，他们肯定早就冲过来了。

走了好久，我们终于来到了山顶。山顶有一扇大门，从大门往里面看，一个足球场那么大的广场上站着很多三角怪，还有很多被捆绑的圆部落的士兵。广场的最里面是一座大殿，大殿前面有一把扶手椅，上面坐着一个三角怪。

我们穿过广场，来到坐在扶手椅上的三角怪面前。

地上跪着圆部落的首领，也就是几何王国的国王，他的身材跟三角怪们差不多，唯一不同的是他的头圆圆的，看上去很萌。

椅子上坐着的那位想必就是三角部落的首领了，他的身材看上去比其他三角怪要大一些，此刻，他正用吓人的眼神看着我们，并大声问那个三角怪小头目："你抓来这 5 个怪物干什么？"

"大王。"三角怪小头目跪了下来，"他们 5 个不是我抓来的，小的没用，打不过他们，是他们抓我过来的……"

"什么？！"三角首领气得站起来，指着我们，"大家快抓住这 5 个怪物！"

"且慢！"悟空大叫道，"你敢跟我单打独斗吗？在你的手下面前，希望你不要说不敢，那多让人笑话呀！"

"谁说我不敢！"三角首领说着就向悟空冲过去，"拿命来！"

三角首领果然厉害，他的速度太快了，我们还没反应过来，他就已经飞到悟空跟前，用尖尖的头对着悟空。幸好悟空反应快，瞬间向后翻了个跟斗，躲过了三角首领的尖脑袋。

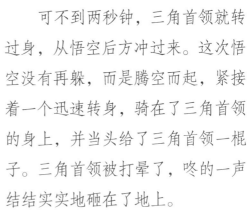

可不到两秒钟，三角首领就转过身，从悟空后方冲过来。这次悟空没有再躲，而是腾空而起，紧接着一个迅速转身，骑在了三角首领的身上，并当头给了三角首领一棍子。三角首领被打晕了，咚的一声结结实实地砸在了地上。

悟空果然厉害，两招就制服了

三角首领。我们在一旁观看，先是惊心动魄，后是畅快淋漓。

八戒和沙沙同学一左一右押着三角首领，小唐同学则把几何国王扶到椅子上坐下。悟空找来一根绳子把三角首领绑了起来，让他跪在几何国王原来跪着的地方。悟空又命令其他三角怪找来5把椅子放在大殿的台子上，我们面对着广场上无数三角怪和圆部落的士兵，开始审问三角首领。

"快说，你为什么要发动叛乱？"悟空问三角首领。

"他想当几何王国的国王！"几何国王狠狠地瞪了三角首领一眼。

"几位神仙，"三角首领抬起头，看着我们，"你们说说，凭什么圆部落的首领一直当几何王国的国王？凭什么呀？这不公平！几何王国的国王应该大家轮流当，几位神仙，你们说是不是？"

悟空一听，也纳闷儿起来，歪头问几何国王："对呀，我也不明白，为什么你一直是几何王国的国王？"

"几位神仙，因为我们圆是宇宙中最完美的几何图形。"几何国王解释道。

"你说是就是呀？"三角首领不服气。

"对呀！你说是就是呀？"悟空说。

"因为……"

"别因为了。"悟空没等几何国王说完，就插话道，"你告诉我，几何王国有多少个部落？"

"可多了，有正方形部落、长方形部落、菱形部落、梯形部落，以及三角部落、椭圆部落……"

"停！"悟空打断了几何国王的介绍，"这样吧，你快派兵把所有部落首领都叫来，我们要看一看，听一听，还要评一评，谁才是宇宙中最完美的图形。"

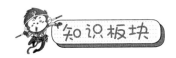

菱　形

　　菱形跟正方形一样,也是4条边都相等。它们的区别是，正方形相邻的两条边是互相垂直的，而菱形相邻的两条边不垂直。

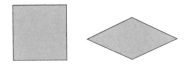

圆

　　圆这个几何图形同学们最熟悉了，不

过，为了更好地了解它，我们还需要知道圆的一些知识。

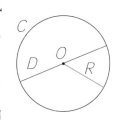

所有的圆都有一个圆心，比如右图中的 O 点就是圆心，圆心到圆周的长度都相等。在圆中，连接圆心和圆上任意一点的线段叫作圆的半径，比如上图中的线段 R；经过圆心，连接圆周上两点的线段叫作圆的直径，比如上图中的线段 D。不用说，同学们一定发现了，两个半径的长度加起来等于直径的长度。

最后一点是，圆一周的长度叫作圆的周长，用 C 表示圆的周长，$C = 2\pi R = \pi D$。π 为圆周率，它是一个很特别的数，我们下面会说到。

椭　　圆

椭圆跟圆虽然有点儿像，但是就算我们不说，同学们也能一眼看出它与圆的不同。

生活中，椭圆形的物体有很多，我们吃的鸡蛋及其他鸟蛋、某些橙子等都近似于椭圆形。

各个部落的首领都到齐了。此刻，广场上所有圆部落的士兵已经被松绑，他们整整齐齐地站在广场右边；而三角部落的士兵都列队站在广场的左边。广场中间，十几把椅子围成一个圆，我们5人挨着坐下，所有几何部落的首领也都坐到了椅子上，大家开起了会议。

　　"大家都到齐了，现在你们说说，哪种几何图形最完美，对人类最重要？"悟空扫了大家一眼，"这种最完美、最重要的几何图形的首领，应该当几何王国的国王！"

　　悟空话音刚落，一个长着方形脸的首领站了起来，他向我们抱拳道："几位神仙，我是正方形首领。要说最漂亮的几何图形，那非我们正方形莫属。我们每条边都一样长，不像别的几何图形，边长的长，短的短，不对称……"

"你这是什么意思？"长方形首领站了起来，"长的长，短的短，这不是说我们长方形部落吗？人类世界中，有多少东西是你们正方形的形状？而长方形的东西多得数也数不过来。"

"看你这话说的，瑞士国旗就是正方形的！"正方形首领说。

"谢谢你的提醒。"长方形首领不屑地说，"要说国旗的形状，长方形的国旗可比正方形的多多了，比如中国国旗就是长方形的，还有美国、英国、德国等好多国家的国旗都是长方形的，数也数不过来。"

正方形首领没占着便宜，脸红了，生气道："小孩子玩的魔方就是正方形的！"

"你居然连玩具都搬出来了，看来，生活中你们正方形真是少得可怜。"长方形首领笑了笑，"足球场是长方形的，篮球场是长方形的，还有网球场、乒乓球台都是长方形的。手机屏幕是长方形的，平板电脑是长方形的，还有门、窗、床等都是长方形的……几位神仙，你们说，人类是喜欢正方形多一些，还是喜欢长方形多一些？请你们评断一下。"

"长方形首领说得对，在人类世界中，人们更喜欢把东西做成长方形的。"小唐同学急忙点评。

　　说完，小唐同学眼睛看向菱形部落的首领："那个谁，菱形首领，你怎么一直埋着头呀？你也来说说，人类生活中哪些东西是菱形的？"

　　"我……我……"菱形首领站起来，结结巴巴地说，"人类的……铁丝网是菱形的。"

　　"唉呀妈呀！"八戒忍不住捂嘴偷笑，"这也好意思说出来。"

　　"好吧好吧，你坐下。"小唐同学又转向圆首领，"圆首领，你来说说吧。"

　　圆首领站了起来，自信地说："要说人类日常生活中的圆，那可多了去了！我就不啰嗦了。我只说宇宙喜欢什么图形。地球是圆的，月球、太阳也是圆的，很多恒星和行星都是圆的。瞧瞧，宇宙喜欢圆形！"

　　八戒用手遮着嘴，歪着头跟小唐同学交换意见："这个确实比较高大上。"

　　椭圆首领听见了八

戒的话，怕失去机会，急忙站起来："各位神仙，其实，地球、太阳等天体并不是真正的圆形，这点我就不跟圆首领计较了。但我想说，月球绕地球公转的轨道是椭圆形的，地球绕太阳的公转轨道也是椭圆形的。"

"寒老师，是这样的吗？"八戒小声问我。

"是的。"

圆首领本想一举定乾坤，没想到半路杀出个椭圆首领，于是又把话题从宇宙空间拉回到了人类世界："几位神仙，在遥远的古代，人们就发现搬运圆木头时，把木头滚着走最省劲。根据这个启发，古人造出了圆圆的车轮，直到现在，无论是飞机的轮子，还是汽车、自行车的轮子都是圆的，可以说，我们圆为人类的交通做出了很大的贡献。"

"有道理！"悟空点评道，"三角首领，别板着脸呀，你也来说说。"

"要说在生活中的应用，我们三角形也是数不胜数。"三角首领站起来说，"比如自行车的车架大都是三角形的，还有埃菲尔铁塔的钢架也是三角形结构，其实，很多建筑里都使用了三角形结构。为什么呢？因为三角形结构最坚固，不容易变形。"

"三角形还有这个特点？"八戒歪头问我。

"确实如此。"

一看三角首领使出了撒手锏（jiǎn），圆首领立即站起来说：“几位神仙，我们圆还有一个特点，那就是同样长的一条线段，只有围成圆面积才最大。也就是说，如果想用数量相等的砖头在地上围出最大的面积，那么非圆莫属。”

唐猴沙猪歪头看向我，于是我点评道：“没错，圆首领说得千真万确。”

三角首领见圆首领跟他较劲儿，急了，说：“在数学上，我们三角形非常重要，数学家因为研究三角形，发现了一种很重要的数，那就是无理数。”

“要知道，并不是在每个三角形中都能找到无理数，但任何一个圆里面都包含着无理数。”圆首领当仁不让，“一个圆，有周长，还有直径，那么它的周长是直径的多少倍呢？这个倍数就是一个无理数——大名鼎鼎的 π。1000 多年前，中国古代数学家祖冲之就算出了 π 的数值在 3.1415926 和 3.1415927 之间。荷兰数学家鲁道夫·范·科伊伦在 1615 年算出了 π 的小数点后 35 位数，即 π 等于 3.1415926535897932384626433832795028841。后来，人们通过计算机，又算出了更多 π 小数点后的数，比如 1985 年，人们借助计算机算出了 π 小数点后 17 526 200 位数。2014 年，人们又借助计算机算出了 π 小数点后 13 万亿位数……”

“我的天！”正方形首领惊讶道，“亿本来就是个很大的数，人们竟然算出了小数点后13万亿位数！"

"确切地说，是13.3万亿位！"圆首领补充道。

各路首领一听，无不惊讶极了，大家交头接耳，感叹着π的神奇。

"好啦，大家安静一下。"悟空站起来，"刚才大家都说了很多，那么到底谁该当几何王国的国王呢？我们也不给你们做主，你们就投票选举吧！"

最后，圆首领得到的票数最多。于是，圆首领再次成为几何王国的国王。

对于这个结果，三角首领没有表示不服，但面无表情。于是我说："其实，每种几何图形都有自己的优点，任何一种几何图形都是人类需要的。依我看，你们可以每5年举行一次选举，谁肚子里的数学知识多就让谁当国王。这样，大家就都有当国王的机会了。"

三角首领一听，这才露出了笑容。

争端平息了，我们又在几何王国走了一圈。之后，我们告别了各位首领，在悟空的法力下，回到了来时的地方——那棵大树下。

此时，已经是晚上11点多了，繁星点点，凉风习习，身边还有各种小虫子的叫声。

小唐同学站在大树下，伸伸懒腰，看看天上的星星，好不惬意。他提醒道："明天，谁挑担子呀？"

是呀，这事还没定呢。于是，我把大家聚在一起，借着悟空刚刚点燃的篝火，在纸上画了5个杯子：

"你们瞧，这5个杯子，前3个装着水，后两个是空的。请问，如何只动一个杯子，使空杯子和有水的杯子交错排列？就像这样：

"记住哦，只能动一个杯子！"

唐猴沙猪听完题目的要求后，都目不转睛地盯着纸上的杯子，4人的头因为离得太近，碰来碰去的，但是他们已经顾不上这些了……

欲知后事如何，请看下一册——《巧破魔法门》。